森の鹿と暮らした男

L'homme-chevreuil:
Sept ans de vie sauvage
Geoffroy Delorme

ジョフロワ・ドローム＝著
岡本由香子＝訳
高槻成紀＝解説

X-Knowledge

L'homme-chevreuil:
Sept ans de vie sauvage
by Geoffroy Delorme

ブックデザイン
鈴木成一デザイン室

DTP
TKクリエイト

地図制作
アトリエプラン

編集
関根千秋（エクスナレッジ）

わが友、シェヴィに捧ぐ

きみが教えてくれたこと
——生きること、感じること、愛すること、
この世に不可能はないってこと。
そして自分らしくあること。

目次

本書の舞台

セーヌ湾

アブビル

ディエップ

アミアン

ル・アーブル

ルーアン

ボーベ

ドーヴィル

ボールの森

ルヴィエ

セーヌ河

リジウー

エブルー

パリ

レーグル

ドルー

ヴェルサイユ

0 20km

夜明け

自然——それはこの目に映るすべて
心が欲し、愛するすべて
あらゆる知識と信念
心に湧く感情のすべて

目を凝らす者には美しく
愛でる者にはやさしく
信じる者にはわけへだてない

ゆえに私たちは自然を敬う
天を仰いでそのまなざしを感じ
大地に口づけてそのぬくもりを知れ
真実は、私たちが信じるもの
自然は、私たち自身なのだ

ジョルジュ・サンド

プロローグ

男性？　いや、女性だろうか？

三〇メートル以上離れたところから男女を見分けられなくなって久しい。人影の隣で動いているのはなんだろう？　頼むから犬はやめてくれ。友人たちが怯える前に、あの人をとめなければ。

森の仲間と過ごすうち、私も自然と縄張り意識が強くなった。侵入者は残らず潜在的な脅威であり、土足でプライバシーに踏み込んでくる敵と見なす。だから半径五キロのテリトリーに立ち入る者は例外なく尾行し、行動を観察して、情報を集める。たびたび来るようなら手を尽くして威嚇し、テリトリーから追い払う。

これ以上の接近を許してはだめだ！　そう判断して下草から出る。甘いスミレの香りが鼻腔をくすぐった。侵入者は女性のようだ。林道に向かって斜面をのぼりながら、最後に人と話してから何カ月も経つことに気づいた。森で、動物だけとコミュニケーションをとる暮らしも今年で七年目に入った。最初の数年は森と人里を行き来していたが、徐々に〝文明〟を遠ざけ、最終的には人間社会にきっぱり背を向けて、本当の家族――ノロジカのグループに加わった。

林道を進みながら、人生から排除したはずの感情が湧きあがってくるのを感じた。あの人の目に、自分はどう映るだろう？　もう何年も髪をとかしていないし、散髪は鏡も見ず、裁縫用の小さなはさみですませてきた。髭ぼうぼうでないのがせめてもの救いだ。泥がこびりついたズボンは、ぬいでも彫像のように自立するだろう。それでも今日は濡れていないだけマシとしなければ。冒険を始めたばかりのころは丸いケースに入った手鏡で自分の顔を確認することもあった。しかしその鏡も寒さや湿気で曇り、今となっては正直なところ、自分がどんな姿をしているのか見当もつかない。

やはり女性だ。怖がらせないように礼儀正しくふるまわないと。ただし女性だからといって警戒をゆるめるわけにはいかない。何が起きるかわからない。そもそも、どうやって声をかければいいだろう？　〝こんにちは〟か？　そうだ、それが無難だ。いや、〝こんばんは〟のほうがふさわしいかもしれない。もう夕暮れ時なのだから。

「こんばんは」

「こんばんは、ムッシュー」

一章

日のあたる小学校の教室で、人間社会で生きていくうえで必要な知識――読み書き計算や礼儀作法について学んでいるころでさえ、私は気づくと窓の外を眺めて、野生動物の気高さに想いを馳せる子どもだった。スズメ、コマドリ、アオガラといった視界に入るあらゆる動物を観察し、自由を謳歌する小さな命を心からうらやんだ。現状になんの疑問も抱いていなさそうな同級生らと同じ教室に押しこめられた六歳の少年は、野生動物の持つ自由を熱望していたのである。大自然のなかで生きる過酷さを知らなかったわけではないが、絶えず危険にさらされながらもシンプルでおだやかに生きる動物たちを見るにつけ、一定の型に押しこめようとする人間社会に抗う気持ちが湧いた。教室の後方、窓際の席で、私の心は日に日に人間社会の価値観を離れ、どんなときも北を示す方位磁石の針のように、野生の世界に惹かれていった。

人間社会に対する抵抗がはっきりと形を成したのは、新学期が始まって数カ月後に起きた、一見するとなんということのない出来事がきっかけだった。よく晴れた朝、登校してみると、クラス全員で校外にあるプールに出かける日だった。出発前からいやな予感がした。実際にプールに到着してみて、恐怖に凍りついた。あれほどたくさんの水を見たのは初めてだったし、生まれてから一度も泳いだことがなかったので、水に対する本能的な恐怖を感じたのだ。まったく水を怖がらないクラスメートのなかで、私は歯を食いしばった。

水泳のインストラクターは赤毛の面長な女の人で、水に入るようにと私たちに指示した。私は拒んだ。するとインストラクターが顔をこわばらせ、さっきよりも強い調子でプールに入れと命じた。もう一度拒む。インストラクターは軍隊の将校さながらにつかつかとやってきて、私の手をつかんだかと思うと乱暴にプールに突き落とした。泳ぎ方がわからない私はしこたま水を飲んだ。体が沈みはじめる。必死でもがく私の目に、水に飛びこむインストラクターの姿が映った。殺される！　私はパニックを起こした。生存本能が不可能を可能にする。犬かきでプールのなかほどまで泳ぎ、大きなプールと小さなプールを仕切るコースロープをくぐって、反対側のプールサイドに向かった。プールサイドに手が届くと、ステップをのぼって水からあがり、安全な更衣室へ駆けこんで、ズボンとTシャツを着た。

水からあがったインストラクターが私をさがしにやってくる。湿ったタイルを踏む足音で、インストラクターが更衣室に入ってきたことがわかった。更衣室は通路を挟んで両側に個室が並んでいて、私が隠れているのは左側の三番目だ。インストラクターが最初の個室のドアを勢いよく開けた。ドアがばたんと閉まる。私の心臓は破裂寸前だった。二番目のドアが開き、さっきと同じくらい乱暴に閉まった。それはそれは恐ろしい音で、インストラクターが個室のドアを片端から壊してまわっているかと思うほどだった。ふたたびパニックに襲われた私は、はいつくばって個室を仕切る壁の下をくぐり、隣の個室へ、そこからまた隣の個室へと逃げた。壁際の個室に到達すると、インストラクターが通路を挟んで反対側の個室をのぞいている隙に、更衣室からすべりでた。

建物の外に出て、涙と塩素でかすんだ視界のまま通りを走りだした。途中で見覚えのある男の人に声をかけられた。ひとりで建物を出てきた私を見て、心配したバスの運転手が追いかけてきてくれたのだ。運転手は私の手をとって、ついてきなさいと言った。私はしゃくりあげながら一部始終を話し、もうプールには戻りたくないと訴えた。運転手の声色や言葉づかいで少しだけ落ち着きを取り戻す。

こうしてささやかな脱走劇が幕をおろし、運転手から事情を聞いたインストラクターやクラスメートがバスに戻ってくると、私はまるで保護されたばかりの野生動物を見るような視線にさらされた。この出来事のあと、私は小学校へ戻らず、フランス国立遠隔教育センター（CNED）の支援を受けてホームスクールで学ぶことになった。

そういうわけで私は、自分の部屋にひとり、外界から切り離され、友人や先生もいない子ども時代を過ごした。幸いにも自然と野生動物をテーマにした文学史上の傑作（ニコラ・ヴァニエ、ジャック＝イヴ・クストー、ダイアン・フォッシー、ジェーン・グドール）をそろえた大きな図書館が近くにあった。植物や動物に関する大衆向けの本（『毎日自然（La Nature jour après jour）』や『最強の法則（La Loi du plus fort）』や『森の友達（Copain des bois）』）を読みあさった。情報の宝庫から得た貴重な知識は、家の庭に還元した。リンゴ、プラム、サクラ、メギの生け垣、コトネアスター、トキワサンザシ、バラの茂み——庭を彩る草木のおかげで退屈しなかった。当時の私にとって、草木の手入れは現実から逃避する最良の方法だった。

ある朝、部屋の向かいの生け垣にクロウタドリが巣をかけた。それを見つけた瞬間、子ども心に〝自分が守ってやらなければ〟と思い込んだ。そして駐車場の係員さながらに生け垣の周りをうろつき、獲物の匂いをかぎつけた猫を追い払うようになった。昼夜を問わず、親の目を盗んではひそかに窓から抜けだして、羽を持つ小さな家族の様子を確かめにいった。私があまりに頻繁に周囲をうろつくので、クロウタドリもすっかり慣れたようだった。パンくずやミミズ、昆虫を小さな皿に入れて持っていってやると、親鳥がそれをついばんで雛のところへ運ぶ。そうやって少しずつクロウタドリの信頼を得て、最終的にはピーピー鳴く雛鳥を、生け垣をかき分けて二〇センチの距離から眺めることができるようになった。

巣立ちの日、最初に巣を飛び立ったのは父さん鳥だった。あとに続いて飛びだした子どもたちが地面に落ちる。それを母さん鳥が助ける。クロウタドリの家族は生け垣の周りを歩き、ときどき私に近づいてきた。まるで自己紹介をしているみたいに。九歳になった少年の胸は激しく高鳴った。あれが野生動物と交流した初めての経験だ。記念すべき瞬間を忘れないために、雛たちを撮影して、その写真を遠く離れた場所にいるホームスクールの指導員、マダム・クリガールに送った。

クロウタドリが巣立ったあと、私は庭の外へ行動範囲を広げた。生け垣の向こうにはフェンスがあって、その下に、おそらくキツネが掘ったと思われるトンネルがあった。子どもの私は難なくそれを通りぬけて隣の草地を歩きまわり、冒険者の気分に浸った。夜、ぼんやりした月明かりに照らされて初めて家を抜けだしたとき、最初のうちは自由に焦がれる気持ちと恐怖が混在していた。冒険を渇望する本能に、〝よい子〟の自分がブレーキをかける。それでもほどなくして、大自然の魅力が優位に立った。

新しいプレイグラウンドは私の五感を目覚めさせた。ただ歩くだけでも、地形や地質を覚えるために脳がフル回転した。毎晩、目ではなく手足から伝わってくる情報をもとに地形を体に覚えこませた結果、目をつぶっていても外を歩きまわれるようになった。部屋が暗くても照明のスイッチがどこにあるかがわかるのと同じ記憶方法を、屋外で実践したのだ。嗅覚も変わった。たとえばイラクサは夜のほうが香りが強まる。地面さえ、昼と夜はちがう匂いがした。プティ＝サン＝トワンにある池の湿り気を帯びた匂いをかぐと、その日の冒険はそろそろ終わりだ。さらに足をのばすと森林管理局の建物があり、その向こうには森が——未知の領域が広がっていた。ヨーロッパヨタカが頭上で旋回し、一本調子の奇妙な羽音をたてる。怖くはなかった。むしろいい気分だった。

私の胸の奥には、機会さえあれば自由になりたいという衝動があって、常に人間社会のしがらみから逃れる方向へ引っ張られていた。私にとって尊重するべきルールはただひとつ、大自然のルールだ。だから木の枝を折ることはしなかったし、枯れ木にもふれないようにした。そうやって不条理と紙一重の、子どもじみた儀式をでっちあげた。たとえばそれは大きな木の左側を通らないというもので、理由は木の右側を通るときのほうが、より重要な出来事を目にする機会が多いという印象があったからだ。私はこのようにして空想の世界、精神の世界、自然との関係を構築していった。

いつのころか家の庭に生えている、葉がよく茂った木の下で、キツネが昼寝をするようになった。ある冬の夕暮れ、私はキツネのあとをつけてみることにした。キツネは森林管理局の建物を通りすぎ、ゆっくりした足どりで森のほうへ進んでいった。今こそ未知の領域へ飛びこむときだ。そこから一〇〇メートルほど進んだ森の端に、キツネ夫婦の巣穴があった。

家からそこまで離れるのは初めてだった。いつも同じ方向から吹く風が、草地のあらゆる匂いを運んでくる。ふいに夕闇が濃くなり、耳に入る音が変わった。聞いたことのない無数の音が私を包む。森の奥に息づく生命の音だ。私は森に足を踏み入れ、数十メートル進み、秘密めいた気配にアドレナリンが噴きだすのを感じてから引き返した。実際のところ、恐れるものなど何もなかった。危険は森から来るのではない。むしろ草地のほうが危険に満ちていることを、野生動物はよく知っている。一方の森はうっとりする魅力に満ちている。

それから毎晩、森を怒らせないように用心しながら、少しずつ、少しずつ奥へ分け入った。そしてある夜、雄のシカと遭遇した。夏の終わりにノロジカの鳴き声を聞いたことは何度もあるが、近づく勇気はなかった。闇に響くけたたましいうなり声は、一〇歳の少年には迫力がありすぎたからだ。だから目の前に大きなシカが現れたときは足がすくんだ。一〇メートルも離れていないところに立派な雄ジカがいて、その一歩、一歩に地面が揺れる。ノロジカの発するエネルギーに圧倒された。あのとき、私の鼓動は数百メートル先にいる人にも聞こえたにちがいない。ふいに雄ジカがこちらを向いて、例のしわがれた声で鳴きはじめた。周囲にいる雌がやや低いトーンで鳴き返す。シカの声が響くたび、巨大スピーカーの近くに立っているかのように肋骨がびりびりと振動した。やがて雄ジカが向きを変えた。私も同じように視線をそらし、敵意がないことを相手に伝えようとした。こうして私たちは、森の紆

マツ林｜荒天のときによく訪れた。
マツの木が風を防いでくれるおかげでしのぎやすく、気温もほかより1、2度高い。
地面に落ちたマツ葉やマツ笠は火を熾す際のたきつけになる。

余曲折によってたまたまその場に居合わせた者として、別れた。

家に帰って上掛けの下に潜りこんだとき、あのシカが人生最高の教訓を授けてくれたことに気づいた。それは〝野生動物は理由もなくこちらに危害を加えはしない〟という教訓だ。すぐにでも森に戻りたかったが、辛抱しなければならなかった。野生の世界は誰にでも開けているものではない。

それからというもの、私は両親が眠りにつくと窓から抜けだし、クロウタドリの生け垣を越え、フェンスの下をくぐり、ヨーロッパヨタカが舞う草地を横切って、うっそうと茂る木々と、動物たちの気配に満ちた森へ出かけるようになった。最初に森へ案内してくれたキツネの巣穴のそばにはアナグマがいた。頭上にはフクロウがいる。森のなかで遭遇したくない動物を挙げるとしたら、それはまちがいなくフクロウだ。恐れ知らずの捕食者で、音もたてずに襲ってくる。森はいろいろな音で満ちているので、フクロウのはばたきに気づくのは不可能だ。フクロウの興味を引いたが最後、連中はなんのためらいもなく接近してくる。初めてフクロウに遭遇したとき、私は映画『ジュラシック・パーク』の衝撃から立ち直っていなかった。二メートルも離れていない枝にとまったフクロウがなんの前触れもなくホーと鳴いたので、驚いた私はあとずさって丸太に足をとられ、ひっくり返った。目を見開き、両足を宙にあげた姿勢で固まっていた自分をよく覚えている。

夜の森は退屈とは無縁だ。夜行性の動物はたくさんいて、サイズもさまざまだ。しかし昼夜を問わず活動する動物もいる。たとえばリスは、日中は庭をちょろちょろしているが、夜は森を縦横無尽に駆けまわる。いったいいつ休むのだろう？　この疑問がずっと頭にひっかかっていたのだが、そもそも設問がまちがっていた。森の世界に関する図鑑によると、夜に見かけた小さな齧歯類はリスではなく、オオヤマネの子どもだった。ふさふさした小さなしっぽがリスに似ていたので勘ちがいしたのだ。

子ども時代のこうした体験は、人間社会の束縛から抜けだすことさえできれば、森が私を歓迎してくれるという約束に思えた。私はそれを固く信じ、毎晩、ベッドに入ると、目が覚めたらキツネになっているようにと祈りながら両手を握りこぶしにした。夜明けと同時に部屋の窓から抜けだして、広大な森林地帯を目指して軽やかに進む自分を想像した。しかし現実は想像の世界とは程遠かった。私はいつも家にひとりで、友人やクラスメートはおらず、休日や校外学習もない。毎晩の逃避行を除けば、フランスの反対端にいる先生から出された課題をするか、庭の周りを自転車で走るくらいしかすることがなかった。たまに親の許可が出て外出し、買い物に行くと、怪訝そうな顔をした店主からどうして学校へ行かないのかと質問された。自分にはホームスクールが合っているのだと説明しつつも、胸の奥で何かがちがうと感じていた。

自分で望んだこととはいえ、閉塞的な生活がしだいに苦痛になり、一六歳になるころには夜だけでなく昼も森へ行くようになった。人間社会に対する反発が最高潮に達したのはバカロレア、つまり高校卒業資格を得るための国家試験を受ける日だ。教育制度という名の船に二度と乗らずにすむように、私は受験番号が書かれた手紙をトウモロコシ畑に投げ捨てた。実は数年前から自然の絵を描くことが好きになり、デッサンを学びたいと思っていたのだが、大人たちに勧められたのは〝ビジネスとコミュニケーション〟の勉強だった。いったい何を学ばされるのか見当もつかない。抵抗するのに疲れた私はとりあえず〝営業〟の勉強をすることにした。それなら写真の通信教育も履修できるからだ。野生動物に対する憧れは消えていなかったし、なんらかの形で自然とかかわる仕事をしたかった。

そうやって毎日のように森に通いつづけ、やがて動物たちが私の匂いや行動を覚えてくれるまでになった。私を森の風景の一部として受け入れてくれたのだ。うれしくなった私は長期の撮影を装って、何日も何週間も森に滞在した。ところが家に帰るたび、おまえのやっていることは仕事ではないし、それでは生活費が稼げないと言われる。そもそも私にとって金銭は重要ではなかった。森へ行くのはある種の心理的な安定を得るためだ。野生動物のように今を生きることで、自分もこの世の秩序に正しく組み込まれていると感じることができた。動物を観察してわかったのは、頭で考えようとすればするほど危機感に囚われることだ。人間は過去を悔やんだり、未来を憂えたり、すべてをコントロールしつづけようとするから心を病む。自然に目を凝らし、野生の世界に身を浸せば、いろいろな意味で束縛が解け、余計な悩みが消えるはずだ。

森で過ごすようになって、最初のうちは今が何日の何時なのかを考えることもなかった。人生はより濃密になり、喜びと発見に満ち、おだやかだった。それでも現実を見失ったわけではない。極貧生活に陥らないよう、地元紙のスポーツ記事用の写真を撮る仕事をもらって、服や食料を買った。しかし当時、私の可能性を信じてくれる人はいなかったし、心の支えになってくれる人もいなかった。両親は私を家に引き留めようとして、人は〝群れ〟のなかで生きるもので、ひとりではやっていけないと言った。しかし両親が私を縛りつけようとすればするほど親子の絆はほころびていき、ついに切れた。私は森で暮らすことにした。

そのときの私の心情をよく表しているのは、ラ・フォンテーヌが綴ったイソップ寓話集の『オオカミと犬』だ。それはこんな物語だった。

あるところに骨と皮になったオオカミがいて、番犬たちはいつもオオカミに目を光らせていた。

オオカミはある日、力強くて見栄えのするマスティフ犬に会った。うっかり道に迷ったマスティフ犬は、よく肥えて、毛がつやつやしていた。オオカミとしてはこれ幸いと犬を引き裂き、食べることもできた。だがそのためにはまず犬と戦わなければならない。マスティフ犬は体格がよく、襲われれば全力で抵抗するにちがいない。

そこでオオカミは慇懃にあいさつし、マスティフの体格のよさを褒めた。

礼儀正しいオオカミさん、あなただってその気になればぼくのように太れますよ、とマスティフが言った。森を出ればいい暮らしができますとも。あなたのお仲間はひどくみじめでしょう。がりがりで、疥癬にかかって、かわいそうに、飢え死にするのも時間の問題だ。だって森では、正直者や努力した者が報われるとはかぎらないのですから。

ぼくについてくるといいですよ。もっといい運命が待っています。

オオカミは尋ねた。だけど森を出て、おれは何をすればいいんだい？

とりたてて何も、とマスティフが答えた。怪しい人を追い払い、棒を運んで餌をねだり、お世辞を言って主人を喜ばせればいい。そうすればたっぷりとご褒美がもらえます。ニワトリの骨にハトの骨。言うまでもなく、たくさんなでてもらえます。

オオカミは幸せになった自分を想像してうれし涙を流した。

マスティフのあとについて森を出ようとしたオオカミは、その首についたすり傷に気づいた。

あんたの首のそれはなんだい？

なんでもないですよ。

なんでもなくはないだろう。

たいしたことはありません。

そう言わずに教えてくれよ。

首輪がこすれたのかもしれませんね。

首輪？　ひょっとしてあんたたちは好きなときに走れないのかい？

たしかにいつも走りまわれるわけではないけれど、それがどうしたって言うんです？

どうしたもこうしたも、自由に走れないんだったらどんなごちそうもいらないよ。

そんな代償を払うなら財宝だっていらない。

そう言うとオオカミは一目散に逃げだし、今もまだ、逃げつづけているのだった。

私が考えるこの物語の教訓は〝豊かで束縛されているより、貧しくても自由なほうがいい〟

ということだ。

二章

森の冒険は四月に始まった。できるだけ森で採れるものを食べ、完全には難しいとしても、菜食主義に近い食生活をしようと決めた。同じ森に棲む動物を狩って食べるなんてことは考えられなかったからだ。それこそ人間くさい価値観だろうし、自然界には生きるためにほかの命を奪う生き物がたくさんいることはわかっている。それでも殺すことには抵抗があった。

森で食べ物を得るにはまず、採集と保管のためのテリトリーを確保しないといけない。私が最初に考えたのはリスのやり方をまねることだ。写真の報酬で缶詰や水を買い、過酷な環境で生きのびるために必要と思われる装備も手に入れた。それらをまとめて複雑に絡んだ木の根もとに隠し、枝や枯れ葉でおおった。そうしておけば誰にも見つからないと思ったのだ。ところが数日後、野生のイノシシが私のお宝を掘り返した。大事な缶詰は鋭い蹄でつぶされ、中身をむさぼり食われた。イノシシの群れに踏まれて無事だったものはひとつもなく、土まみれの残骸が〝ここがどこだかわかってるのか?〟と私をあざけっているかのようだった。

しばらくショックで動けなかったが、次の手を考えなくてはならない。自然は独特な方法で私の目を覚ましてくれた。

貪欲で好奇心の強い隣人からわずかな所持品を守るため、密猟者が掘った古い仕掛け穴に持ち物を埋めることにした。仕掛け穴は直径が八〇センチ、深さが二メートルほどあり、かつてキツネやアナグマを捕獲するために掘られたものだ。穴の底の残虐な杭を取り出してから所持品の袋を入れ、穴の口に丈夫な枝を渡して蓋をした。

イノシシの一件でもうひとつ学んだことは、五〇リットル入りのリュックサックを背負って徒歩で買い出しに行き、重い荷物を背負って森へ戻ってくるのは、体力を消耗しすぎるということだ。野外のサバイバルにおいて疲労は軽視できない。生き抜くことを最優先に考えるなら、森のなかで手に入る食料を消費するほうが効率がいい。キイチゴ類の木の葉やシラカバやシデの葉、液果類、それからクリ、ブナ、セイヨウハシバミなどの堅果類、オオバコ、タンポポ、スイバを初めとする多くの植物は、味はともかく栄養価は驚くほど高い。そうした天然の食料がどうしても手に入らないときだけ備蓄の缶詰を開けることにした。ふだんの食事が極めて質素なので、なんということもないラヴィオリの缶詰さえ、食べるときはお祝い気分だった。

森の食生活を豊かにしてくれるものはほかにもある。イノシシを太らせるためにハンター

マツぼっくりバトル｜リスは意地悪で縄張り意識が強い。
リスがねぐらにしている木の下で眠っていると、容赦なくマツぼっくりを投げつけられた。

が木の根もとに置いていく食料だ。スイカ、ズッキーニ、トマトを初めとする野菜や果物、そしてパンもあった。味も素っ気もないパンだが、パンにはちがいない。そうしたハンターの置き土産を発見したのは、イノシシ、キツネ、アナグマといった動物のあとをついて歩いているときだ。経験豊富な野生動物はサバイバルの先輩でもある。先輩たちの行動をまねることで、知らず知らずのうちに森で生きる知恵が身についた。イノシシやシカやキツネたちも、少しずつ私を森の仲間として受け入れてくれるようになった。

こうして冒険開始から数カ月後には、自分も森という驚嘆すべき風景の一部になれたという手ごたえを得た。森のなかでもとりわけ謎めいて、魅力的な生き物と出会ったのはそんなときだ。野生世界の扉を、本当の意味で開けてくれた生き物――そう、ノロジカだ。

ある晴れた朝、道端で葉っぱを食べていると、一頭のノロジカが私の前を横切り、数歩先でとまった。のちにダゲ［訳注：フランス語でノロジカの意味］と呼ぶことになる雄のノロジカだ。私はできるだけゆっくりとその場にしゃがんだ。ダゲが頭をあげ、耳をぴんと立てた。尾の毛が逆立っている。きらきらした大きな黒い瞳に吸いこまれそうだった。見つめ合っていたのはほんの数分だが、数時間が経過したかのように感じられた。ダゲは、一緒に森を散策しようと誘うように頭を動かし、それからゆっくりと、優美な足どりで下草のなかへ入っていった。

自分よりも強い魂の持ち主に出会ったと思った。まるで森そのものに呼ばれているようだった。膝が震え、呼吸が浅くなる。この出来事がきっかけで、私はノロジカと暮らし、彼らの生き方を学ぶことになる。

三章

キイチゴ類には、味気ないがとても栄養のある小ぶりの葉が大量についている。私が時間をかけて葉っぱのサラダを味わっていると、正面の茂みからダゲの小さな顔が現れた。ふつうのシカなら人間に気づいて逃げるところだが、ダゲはその場に留まって、じっとこちらを観察していた。足音がしなかったので、しばらく前からそこにいたのかもしれない。私はダゲに気づいていないふりをしてキイチゴの木から離れ、休憩することにした。ダゲはそんな私を見送った。

夕暮れどき、涼しくなったのでノコギリソウでも食べようとギャップ［訳注：森林内の空き地］へ向かった。またしてもダゲの姿が見えた。私の行く先々へついてまわっているようだ。相当に好奇心が強いのだろう。森という家に入ってきた新参者について、もっと調べてやろうと決めたように見える。そんなふうにして私たちは互いのテリトリーでしょっちゅう顔を合わせるようになった。

ある日、たまには自分があとをつけてやろうと思いついて、ダゲの姿をさがした。まだ葉のない樹冠を抜ける冷たい北風に吹かれて、ダゲは一本の木の下に横たわり、少し前に食べたものを反芻していた。私はそこかしこで葉を集めつつ、ゆっくりダゲに近づいた。木陰に身を隠しながらじわじわ距離を詰める。そうやってかなり接近しても、ダゲはその場を動かなかった。自分にスパイの才能があるのか、はたまたダゲが気づかないふりをしているのか。念のため、ダゲの視界に入るところでわざと木陰から出たあと、ゆっくりしゃがんだ。ダゲはおだやかにこちらを見ている。なんだか現実とは思えなかった。賢いダゲは最初から私がいることに気づいていて、木から木へ移動するのをおもしろがって眺めていたらしい。

一〇メートルほどの距離になったところでダゲが立ちあがり、のびをした。私は足をとめた。ダゲがこっちを見ている。私たちはそのまま三〇分ほど見つめ合った。魔法のような時間、私はダゲの存在を全身全霊で受けとめた。目の前の命と、それを囲むすべての要素と完璧に調和している手ごたえがあった。ダゲは私を森の一部として受け入れている。そんな特権を手にした人間は、これまでひとりもいなかったにちがいない。身も心も安らかで、思考が一時停止していた。その瞬間、私のすべてがひとつの法則——あらゆるものに対する敬意に支配されていた。

アメリカ先住民によれば、シカを狩るときはシカのことを考えてはいけないそうだ。シカ

ダゲ｜最初に私を信頼してくれたノロジカ。ダゲのおかげで森の世界の扉が開いた。このギャップはダゲのテリトリーの一部だったが、今は環状道路が通っている。

がハンターの考えを察知して逃げるからだ。それはまったくありえることだと今ならわかる。思考は気分になり、気分は体臭になる。だから私もなるべく前向きなことを考えて、ダゲとの静かな対話を最大限に引きのばそうと思った。

足がしびれてきたころ、ダゲが動いた。どうすればいいか迷った私は、一〇メートルくらいの距離を保って、身をかがめたままダゲのあとをついていくことにした。ダゲの耳は私のほうへ向けられ、何も聞き逃すまいとしている。私の足の下で乾いた葉がかさかさと音をたてるたび、その耳がびくりと動くのがわかった。ダゲは小走りで進んだかと思うと立ちどまり、ふり返って私を待っていた。野生動物が人間を手なずけようとしているかのようだ。めったにない経験に胸が躍った。私は背筋をのばし、ダゲの気持ちを想像してみた。一七〇センチ以上もある人間を前にしたら逃げだしたくなるのが当然なのに、ダゲは本能的な恐怖を抑えて行動している。

ふいに、遠くから別のシカの声が聞こえた。おそらくシポワン［訳注：体に六つの斑があるという意味］というシカだ。シポワンも私が森で定期的に遭遇するシカだった。ダゲは鳴き声に反応したかと思うと、信じられない速さで走りだした。私はキツネにつままれたように、ひとり、ナラ林の中央に取り残された。

シカと生活を共にするためには手放さなければならないものがいろいろある。一般的な人間社会の行動規範、たとえば別れるときに〝さよなら〟とあいさつする、といったマナーはその筆頭だ。決まった時間に食べるとか、夜になったら寝るといった習慣もあきらめるしかない。最初のうち、ダゲと一緒に夜の森に起こるさまざまなことを発見し、自分もその一部になりきろうとしたが、さすがに体がもたなかった。人間である私は、できることなら夜はぐっすり眠りたいと思ってしまう。ただし夜に寝ようとしても闇から聞こえる物音や気配で何度も目が覚めるし、いったん目が覚めると眠りに戻るのが難しかった。フクロウの鳴き声、キツネの叫び、極めつけはイノシシだ。イノシシはキーキーと甲高い声を出し、ブーブー鼻を鳴らしながら森中を走りまわる。去年生まれたイノシシがからかい半分で寄ってきて、鼻先で私を突いて一日散に逃げていったこともある。さらにイノシシよりも眠りを妨げるのは寒さだ。森で暮らしはじめたころは何度も低体温症になった。パターンは毎回同じだ。眠りに落ち、夢を見はじめると急にしびれや吐き気に襲われて目が覚める。何週間かそんな調子でいたら、睡眠不足から日中に幻覚を見るようになった。その場にいもしない人の声を聞いたり、姿を見たり、自分が空を飛んでいると錯覚したこともある。私は疲労困憊した。神経が張りつめ、肩が凝り、頭の重さが一トンもあるように感じた。常に朦朧（もうろう）としていて、こんな冒険になんの意味があるだろうと考えるようになった。

当時の不調の原因は疲労だ。日中は食べ物をさがしたり風雨から身を守るためのシェルターをこしらえたりしなければならず、これが恐ろしく時間を食った。シェルターをつくってもすぐに虫がつくので、ほとんど毎日のようにつくりなおさないといけない。ある朝、こんなやり方ではだめだと気づいた。森で生き抜くには別の戦略、もっと効率的なやり方を考案しなければ身が持たない。季節は春。冬までにあと二シーズンある。新しい方法が見つからなければ、冬の到来とともに私の冒険は終わるだろう。何か見落としているはずだ。私のやり方がまずいにちがいない。

正しいサバイバル法は、ダゲを観察することでわかった。ノロジカは昼夜を問わず短いサイクルで休む。天候にもよるものの、一回に一、二時間程度の休息を何度もとるのだ。私も彼らの生活リズムをまねることにした。眠りから覚めるとシカは大量の葉や草を食べ、横になって反芻する（私には胃袋がひとつしかないので、この時間は瞑想することにした）。そのあとふたたび休む。残りの時間は季節によって遊びや生存、繁殖や縄張りのマーキングに使う。ノロジカたちを観察するうち、こまめに眠れば、夜にまとまった睡眠をとる必要がないことがわかった。

休むとき、私はなるべく乾燥した地面にしゃがみ、右手を左の膝、左手を右の膝にあて、腕のあいだに顔を伏せる。そうすると唇の内側に唾液がたまって小刻みに目が覚めるので、低体温症にならない。昼間もダゲを見習って二時間くらいずつ眠った。合間に食べて、それからこれはとくに重要だが、森のあちこちに枝を備蓄した。夜に寒くなったとき枝を集められなくて火を熾(おこ)せないという事態を避けるためだ。そうこうするうち、森では昼よりも夜のほうが生産性が高いとわかった。動物たちもそれを承知していて、夜に活発に動く。見えないという不便さはあるが、捕食者に狙われるリスクも減るので、比較的自由に歩きまわれるのだ。

早朝、霜のおりた草地をおおう霧を、朝日が虹色に染める。それをシカの友人と眺めるのは最高の気分だった。自分は夢を生きているのだと感じた。もう、もとの生活には戻れない。自分のなかに新しい自分が生まれ、自由へ続く道を歩んでいる。ダゲは私を親密な仲間として受け入れてくれた。ダゲと私は友人になり、兄弟になり、本当の家族になった。

四章

森で暮らすと決めた日から、自分の生き方に疑問を抱くことはなくなった。幼いころから惹かれていた野生の世界に突き動かされ、自分にとって唯一の道を選んだに過ぎないからだ。ミシェル・トゥルニエが新しい解釈で書いた『新・ロビンソー・クルーソー』のように、石を打ち合わせて火を熾し、裸で生きたいわけではないが、それでも森の住人になるなら、なるべく文明の利器を使わない覚悟が必要だった。外の世界の道具は友人たちを不安にさせるからだ。野生動物の信頼を得るためには、人間社会に戻って息抜きをしたいという誘惑に負けてばかりもいられない。寒いときや気まぐれな天気に翻弄されるとき、ひもじくてしかたないとき、私は文明の利器に頼りたいという誘惑と闘いつづけた。森の友人たちの命のほうが大事だったし、今後も彼らに受け入れてもらえるかどうかは私の心根しだいだとわかっていたので、森に持ちこむのは、サバイバルをするうえでどうしても必要なものだけに絞った。まずは寒さ対策として着替えを用意した。具体的にはキャンバス地のズボンが二本とジーンズ、アルパカの毛で織ったアンダーパンツ、リネンまたはヘンプのTシャツ、ヴァージンウールのセーター、そしてニットキャップ二組だ。コットンの衣類は乾きが悪いので早々に手放した。衣類はかびないようにファスナーつきの袋に入れたうえでリュックに詰め、ここぞという場所に埋めた。調理器具は小さなアルミのフライパンと水を湧かす鍋を使った。切ったり、くりぬいたり、削ったり、皮をむいたり、みじんにしたりするのはサバイバルナイフ一本ですませた。カメラ用のソーラー式充電器と、ライター、それに蓋に鏡がついた身分証の入った丸い缶を持ち歩くようにした。鏡はとても便利で、とくに足や背中を虫にかまれたときに患部を確認するのに役立った。

フリースとプラスチックの時代、あらゆるものが過剰消費される現代において、多くの人間は生きるうえで必要のないものに執着している。ごくまともな思考力を持つ人も、いつ社会システムによって価値観を狂わされるかわからない。現代の社会システムを支えているのが経済という虚構だからだ。森で暮らして、自然のなかで食料を見つける方法や、冬場や雨や風が強いときに火を熾す方法がわかっていて、いざとなればシェルターもつくれて、サバイバルに必要なあらゆる知識を備えていることは、私にとって大きな自信になった。

ただし、完全なる自給自足は一朝一夕で達成できるものではない。最大の難関は冬の、食料が手に入りにくくなる時期をどう乗り切るかだった。問題解決の鍵を握るのは食料の貯蔵

美食家｜選り好みせず大量に食べるアカシカとちがって、
ノロジカは決まった植物しか食べない。
胃腸の健康維持に欠かせない特定のタンニンを含む植物を選択的に摂取する。

法だ。最初のころは虫に食われたり、腐ったり、好ましくない菌類が生えて、せっかく集めた食料を無駄にした。何度も失敗して私がたどりついた貯蔵法は、採取した植物を日中はメッシュ生地の袋に入れて日当たりのよい枝につるし、夜は湿気ないようにジップロックに入れるというものだった。

言うまでもなく、この貯蔵法を実践するためにはまず、食料を集めなければならない。イラクサ、ミント、オレガノ、オドリコソウ、セイヨウナツユキソウ、セイヨウノコギリソウ、シシウド……。食べられる植物と毒のある植物を正確に見分け、それぞれの栄養価を把握するだけでも長い時間がかかった。たとえばふつうの山菜摘みではシシウドを摘みはしない。古代アテネで処刑に使われた毒の原料であるドクニンジンとよく似ていて危険だからだ。かのソクラテスもドクニンジンで処刑されたとか。クマニラも用心しなければならない。ミネラルが豊富でおいしいが、イヌサフランとまちがえやすい。誤ってイヌサフランを口にすると、最初は赤ん坊のように眠くなる。体調が悪くなるのは数日後で、肝機能障害から最後は肝不全になる。野草を食す際は、量にも注意しないといけない。たとえばスイバはとてもおいしくて食べやすいが、大量に摂取するとひどい消化不良を引き起こす。

栄養価を考慮するとミネラルだけでなく、タンパク質も摂取しなければいけない。秋になればクリ、セイヨウハシバミ、ドングリといった、動物性たんぱく質の代わりになる木の実を採取できる。木の実は植物よりも保存が簡単だ。私はリスのように、岩場の穴や木のくぼみに木の実を貯めた。やっかいなのはビタミン類だ。森における主なビタミン源は春から夏に実る果物だ。果物を長期保存するには殺菌しなければならないが、森にそんな設備はない。となると野生動物のように、春から秋にかけて冬を乗り切るだけのビタミンCを摂取し、体内に貯めるしかない。そんな無茶なと思うかもしれないが、私は何年もそれで乗り切った。

小さな花をつけるアカバナの根は万能薬といわれる。ナイフの先を使って根を掘りだし、生で食べる。イラクサやキイチゴ類の細い根、ノラニンジンの根も食べられる。率直に言って、最初はうんざりするだろう。あらゆるものが砂糖や塩で味つけされた世界から、苦くて刺激の強い葉や根を食べる世界へ移行するのは並大抵のことではない。体にいいのはまちがいないが、味蕾(みらい)が喜ばない。たとえばヒメオドリコソウに含まれるたんぱく質や微量元素は森のサバイバルに欠かせないが、堆肥をスプーンですくって口に入れたみたいな味がする。タンパク質を豊富に含むヒレハリソウに至っては、かすかにヒラメの味がするのだ。幸い、まずいものばかりではない。森の食生活を数カ月続けてコーンフレークの甘さを忘れたころ、クローバーの花を食べたり、シラカバの樹液をなめたりすると、自然のままの快い甘みを感じるだろう。つまるところ、食料の蓄えがあり、大きなけがをせず、適度な体力があれば、一年ほどで栄養面の自治は成し遂げられる。加工食品はハンターがイノシシに残した餌以外

森｜朝、太陽のやさしい光が夜の湿気を払う。
小道沿いの草木におりた朝露は、葉を柔らかく潤わせる。

に手に入らないので、必然的に口に入らなくなる。

　冬を乗り切るには空腹だけでなく寒さとも戦わなければならない。寒さとの戦いで私が信頼するのは長い時間を経て使われつづけている天然素材だ。まず羊毛(ウール)は、寒さと嵐から体を守ってくれる。濡れてもあたたかいのはウールだけだ。編み目のつまった最高級のぶ厚いセーターはシカの被毛に似た働きをする。その上に少しサイズの大きなセーターを着れば、あたたかさを保ちつつ通気性もあるので、湿気が服のなかにこもらない。三枚目は厚手の上着にして、湿気や霜をシャットアウトする。雨が降ってきても三枚目の上着が水分を吸って膨張するので、しばらくは内側に浸みてこない。かなり濡れたら手で絞ってまた着ればいい。外気よりも体温のほうが高ければ、布地に残った水分は着ているうちに蒸発する。防水加工をされたパーカを着ることはめったにない。湿気がこもって不快だし、時間が経つと水分が冷えて体温を奪い、低体温症のリスクを高めるからだ。下着もウール、帽子と手袋もウール、靴下はアルパカの毛を編んだものをはいた。人工素材のゴアテックスが使われているのは靴だけだ。

　シカと生活し、移動を共にするうえで、いちばん難しいのは雑念を払うことだ。森で暮らして一年も経つと、ある意味、人間社会では当然とされているさまざまなことが実にくだらないと気づく。森のなかでシカといると余計なことを考えない。目に映るものや、匂いや、音をいちいち定義づけたり、分析したりしない。自然のなかに仲間といられるだけで満足できる。また言葉を発することがなくなって、以前よりも感覚を大事にするようになった。何かを〝する〟とか〝考える〟ではなく、全身でそこに〝在る〟ことが重要なのだ。たとえばダゲを知るのに言葉は必要ない。ダゲの行動を観察し、まねればいい。ダゲも私と同じくらい、ひょっとするとそれ以上に、私のことを知りたがっているように見えた。

いたずら好きで遊び心のあるノロジカたちに、私はすっかり魅了された。シカは愛らしいだけではなく、果樹園や菜園に忍びこんで食料を失敬するしたたかさも持ち合わせている。ノロジカと過ごす貴重な瞬間を永遠に残すために、可能なときは太陽光で充電できるカメラを持ち歩いた。予備のバッテリーをポケットに入れておけば移動中でも交換できる。ただ残念なことに、気温が低いとバッテリーのあがりが早くなるうえ、森のなかは太陽光が遮られ、充電がうまくいかなかった。

人間社会におけるふつうの生活から森の生活に移行するには、忍耐を要する長いプロセスを経なければならない。時間とともに考え方が変わり、新陳代謝が変わり、反射神経が変わる。すべてはゆっくりと変化する。自分の肉体が新しい環境になじむまで、私は気長に待った。自然相手に主体的なコントロールは通用しないからだ。森に善悪はない。しかし森は、常に私たちに自問することを強いてくる。

五章

シカは習慣の生き物だ。シカに会いたいときは、あちこちさがしていたずらに時間を費やすよりも、いつも現れる付近に腰をおろして待つほうが賢い。前にも述べたとおり、森のサバイバルでは貴重なエネルギーを無駄にできない。

まだ肌寒い春の朝、私はラフレシュと呼んでいる美しいシカが夜明けの静かな時間帯に若芽を食べにくる小道の端に陣どった。草地には霜がおりていた。寒さにこわばった私の頬に朝日がふれる。太陽の光は夜露に湿った服の下まで浸透して、肌をあたためてくれた。しばらくして、まだテリトリーを確立していないラフレシュが、警戒した様子で現れた。頻繁に頭をあげて空気の匂いをかいでから、朝の日課である食事にかかる。同じころ、自分のテリトリーにライバルが入ってきたことを察知して、シポワンというシカが小道に出てきた。シポワンは軽快な足どりで近づいてくると、私を見て足をとめた。首をのばしてうさんくさそうにこちらを見ながら、私の右側を迂回していく。まるで〝おまえはここで何をしている？〟

とても言いたげな表情だ。シポワンが食事に夢中のラフレシュに接近する。

　私とシポワンは親しいとはいえないものの、森の生活を始める前から何度も遭遇していた。だからシポワンが縄張り意識の強い、なかなか難しい性格の雄ジカだということもわかっていた。動くものには何でも吠えるので、うなり屋（ル・ギュラー）とあだ名をつけたほどだ。シポワンの連れ合いのエトワールは、いたずらっぽい目つきをした美しい雌ジカで、エトワールを見ると私はいつも胸がときめく。エトワールはシポワンの少しあとをついてきてはいたが、テリトリー問題にはさして興味がなさそうだった。脇腹がかすかにふくらんでいるところを見ると、年内に子ジカが生まれるのだろう。果たしてエトワールの子どもにはどんな名前をつけたらいいだろう。

　ラフレシュが若芽を食べているのはシポワンのテリトリーの端だった。人間と同様、ノロジカはプライバシーを重んじるため、テリトリーをめぐって小競り合いが起きることはめずらしくない。そしてラフレシュにとっては不運なことに、シポワンは争いごとに長けていた。

　母親の庇護のもと、きょうだいと群れる期間が終わると、若い雄ジカは自分だけのテリトリーを求めて独立する。テリトリーを獲得するには狙った土地からほかの雄を追い出さなければならない。シポワンとラフレシュのテリトリーはごく接近していて、重複している部分もあった。いつか揉めごとが起きるのは予想がついたことで、シポワンとしては自分のテリトリーでのうのうと草を食べているこの若シカをなんとしても追い払いたいのだった。シポワンが頻繁に鼻先をなめ、風上に体を向けた。一方のラフレシュは、シポワンの発する不穏な空気に気づかず食べつづけている。

鋭い吠え声が夜明けの空を切り裂いたかと思うと、シポワンがラフレシュめがけて突進した。ラフレシュが吠え返し、信じられないほどの跳躍力で走りだす。突然のライバル出現に混乱したラフレシュは方向感覚を失って、あろうことかシポワンのテリトリーへさらに侵入してしまった。この大胆な行動に、シポワンが面食らったように立ちどまり、鼻息を荒くした。そしてさっきよりも大きな声で吠えながらふたたび走りだす。ラフレシュは未熟者だが、矢（ラフレシュ）という名前は伊達ではない。倒木を飛び越えて右へ方向を変え、藪につっこんで姿を消した。シポワンはひどく不満そうにうなって、周囲の草木に頭をこすりつけながらエトワールのところへ戻ってきた。ここは自分の王国であって、許可なく立ち入る者は決して許さないと匂いでアピールしているのだ。

エトワールは相変わらず揉めごとに無頓着だった。しかし雌のこうしたクールな態度を鵜呑みにしてはいけない。私もあとで知ったのだが、雌はほかの雌が同じ雄のテリトリーに入るのを好まないからだ。雌の行動圏にかぶせて雄がテリトリーをつくることはよくある。むしろ雄は恣意的に、複数の雌の行動圏に重なるようにテリトリーをつくる。そうすれば七月、八月の発情期に、いわゆる選択肢が生まれるからだ。

繁殖期を迎えたとき、去年生まれた子ジカがまだそばにいる場合、母ジカはさまざまな方法で子ジカの独立を促す。それでも娘は自分の行動圏に近い場所で生活させる母ジカが多い。雄は自分だけのテリトリーを求めて新たな土地へ進出する。いったんテリトリーを確立すると、毎年同じテリトリーを確保しようとする傾向が強いが、人間の勝手な都合でその区画の木が皆伐［訳注：対象となる区画の樹木を全て伐採すること］された場合、希望がかなわないこともある。クラージュ（シェヴィの父親ちがいの兄）はまさにそういう目に遭ったのだが、この話についてはあとで詳しく紹介する。

春になると、ノロジカの雄は前肢の蹄で土を削り、足腺の匂いをしみこませる。これを〝グラティ（grattis）〟と呼ぶ。数週間後、枝角をおおっていた皮がはがれると、若い低木に角をこすりつけ、額にある腺から分泌される物質を幹にすりつけてほかのシカにアピールする。このようなマーキングの方法を〝フロティ（frottis）〟という。雄はしばしば驚くほどの規則性で丈の低い草木にマーキングして、ここは自分の通り道だと主張する。ノロジカが同じ木に〝グラティ〟と〝フロティ〟することを〝レガリ（régalis）〟と呼ぶ。入念にマーキングすることによって、自分のテリトリーを明確に主張するのだ。

霧が濃くなって日ざしが弱まった。私はシポワンとエトワールをその場に残し、ダゲをさ

マツ林のシポワン｜これまで出会ったなかでもっとも縄張り意識が強いシカ。しょっちゅう吠えるのでル・ギュラー（うなり屋）とあだ名をつけたほど。

がしにいった。ボールの森はウール県にある四五〇〇ヘクタールの森林地帯だ。空から森を見おろすと、蹄鉄形の森はセーヌ川の四番目のカーブにぴったりと収まっている。この森を東から西へ横切ると、マツとブナの林から、ナラやセイヨウミザクラが生えるうっそうとした林になる。私は森の東にあるラ・クルットと呼ばれる巨岩を拠点としていた。ラ・クルットからはレ・デュ・ゼマン（恋人たち）に至るセーヌ渓谷全体を見渡すことができる。ハイカーに人気のレ・デュ・ゼマンは中世の詩に由来する修道院だ。カンテループ男爵の娘マチルドと若きラウル・ドゥ・ボンヌマールの悲恋を歌った詩で、マチルドに恋をしたラウルが、結婚を認めてもらうために男爵の課した試練、この地にある恐ろしく切り立った岩壁を、マチルドを腕に抱いてのぼるという難題に挑む。ラウルは見事に登り切ったものの、頂で力を使い果たし、息絶えてしまった。悲嘆に暮れたマチルドは岩壁から身を投げる。若いふたりを死なせたことを悔やんだ男爵は、岩壁の頂上に美しい修道院を建てた。この小さな修道院は今もハイカーの目を喜ばせている。

私のテリトリーは五〇〇ヘクタールほどの区域だ。森の暮らしで最初に学習したのは獣道をたどることだった。森のなかを移動する際、方向を知るのに役立つ指標がいくつかあって、そのひとつが匂いだ。匂いという位置指標を覚えると、とくに夜間の移動がしやすくなる。たとえば森の西側にある穀物地帯へ向かって歩くときと、セーヌ川に向かって歩くときはちがう匂いがする。ナラの木は古くなった梁の匂いがする。クリ、シダ、セイヨウナツユキソウもそれぞれちがう匂いを放って現在地を教えてくれる。ほかにも、池に近づくとヨシや泥の匂いが鼻腔を刺激する。匂いに加えて頼りになるのは夜間視力で、森で生活するうち、暗闇でもある程度まで見えるようになった。それから触覚も大事だ。森では夜イコール寝る時間ではない。夜でも食料をさがし、食べる。暗いなかでどうやって食べ物を見つけるかというと、たとえばオオバコとスイバは見た目はよく似ているものの、葉脈の向きがちがうので、葉にふれれば区別がつく。もちろんそういった知識は週末にキャンプをしたくらいでは身につかない。私の場合は二年かかって習得したのだが、森にはまだまだ私の知らない秘密が山ほどある。

ボールの森にはブナの若木に囲まれて樹齢百年の古木が大聖堂の円柱のようにそびえる場所があって、ダゲのお気に入りだ。ある晩、私はダゲをさがしてそこへ向かった。月光が金色の滝のように流れ落ちて草木を照らすなかに、期待どおりダゲが立っていた。こちらの気配に気づいて、じっと見つめてくる。春の換毛期なので毛並みは乱れているものの、堂々とした立ち姿はさながら森のプリンスだ。

換毛期は年に二度ある。春が来て、日に日に昼が長くなると、シカも冬毛を脱ぎ捨て、見事な夏毛を生やす。上品な鹿の子色の被毛にはあらゆる色調の赤が含まれていて、絹のような光沢を放つ。喉の斑紋（ゴージット）と尻斑（きゅうはん）と腹は白っぽいクリーム色だ。秋にも換毛はあるのだが、春とちがって見た目はほとんど変わらない。艶のある夏毛はわずか数日で冬毛にとってかわる。被毛が厚くなり、雌の陰部、つまり臀部の中央部にほかより長めの毛が生える。雄はペニスをおおう毛が長くなる。

　その日のダゲは、何か気がかりなことがあるようだった。私は地面にあぐらをかき、左の尻を右の靴のかかとにのせて、右の尻を浮かした。そうやって三〇分ごとに左右の尻へ重心を移せば、脚がしびれない。ささいなことだが、案外と大事なテクニックだ。森では地面にそのまま尻をついてはいけない。土が湿っていたら下着まで水が浸みて、なかなか乾かないからだ。濡れたままの下着をつけていたら尻が冷えてつらいし、そういうちょっとした不快感はアウトドアの楽しみを台無しにする。寒い時期であれば凍傷の原因になったり、最悪、低体温症を引き起こしたりもする。

　ダゲは立ったまま私を見ていた。ふいにその視線が移動する。視線の先をたどるとショコットがいた。ショコットは、私が森の冒険を始めてすぐのころからこの辺りでよく見かけていたので、もう六歳にはなっているだろう。とても友好的で、経験豊富で、立派な体格の雄ジカなのだが、数メートル先に松かさが転がっただけで逃げだす臆病な一面もある（リスたちにも笑われるほどだ）。ダゲはショコットに向かって頭をさげ、枝のようにのびた角を見せた。そのまま威嚇するように首をふり、前肢で地面をかく。ショコットはダゲの〝脅迫〟に気づかないふりをして前進を続けた。実際のところショコットのテリトリーがこの先にあるというだけで、ダゲのテリトリーを荒らすつもりなどないのだ。

森のなかで二頭の雄が出会うと、互いに頭を木の幹にこすりつけたり、鳴き声をあげたりして優劣をつけようとする。角を突き合わせて戦うことはごくまれで、どちらかが負傷したとしても軽傷だ。実際、ノロジカと七年間、生活を共にした私も、角を突き合わせての戦いは見たことがない。とはいえノロジカが戦わないというわけでもない。どんな種にも共通することだが、攻撃的な者もいれば、そうでない者もいるからだ。シカ同士の戦いは、最初はゲームのように見える。時には白熱してテストステロンが上昇し、いっきに攻撃性が増すこともある。そうなるとどちらも勝つためには手段を選ばない。テリトリーをめぐる争いは五月にピークを迎え、境界線が確定したあとは終息する。

ダゲの奥にもう一頭、雄のシカが現れ、遠慮がちに近づいてきた。あれはブロックだ。まだ若いシカで、とても臆病なので自分のテリトリーを持たず、他の雄のテリトリーを渡り歩いている。ブロックのように神経質なシカはテリトリーを獲得できず、夏のあいだはちょっとした藪や生け垣などに隠れて過ごすことになる。そうした厳しい環境に置かれるのは三歳未満の若い雄が多いが、なかには一〇歳を超える非常に高齢なシカもいる。一方で年齢にかかわらず、生涯一度もテリトリーを持たないシカもいる。けがや病気のせいで競争に参加できないのだ。そういうシカは自然淘汰で死ぬこともある。一歳になる雄が未成熟だったり、戦闘能力が低かったりした場合、父親もしくは先輩のシカから一年の猶予が与えられる。〝プロテジェ（保護された者）〟として二年目を過ごすのだ。プロテジェの期間はテリトリー内の地形に習熟し、保護者からさまざまなことを学ぶ。そうして少なくとも翌年の春までは、たとえ自分たちよりも大きくて強い敵に遭遇しても保護者に守ってもらえる。保護者である父親や先輩シカに不測の事態が起きた場合、プロテジェはそのテリトリーを一時的に引き継ぐことができ、隣接するテリトリーの主もこれを尊重する。

一般的に宿なしのシカは、雄だろうと雌だろうと、立地条件のよい区域から追い出され、草地で雨風をしのげる場所をさがし、質の悪い食べ物で命をつなぐしかない。奇妙なことに、山間部、もっといえばアルプスの針葉樹林では、これと反対の現象が起こる。宿なしのシカが森の中心部の、より木々の生い茂った、日のあたらない場所に追いやられるのだ。森の端にテリトリーをつくるのはより強い雄だ。

ブロックは友情と慰めを求めてゆっくりダゲに近づいた。ダゲはブロックの弱さを見抜いたのだろう。一緒に小さなテリトリーをつくることにした。私はダゲが新たな友と去るのを見送った。臆病なブロックが私を見てパニックを起こしたら、ダゲと私の信頼にもひびが入るかもしれないからだ。

　唯一の友であるダゲがいなくなると、私はひどい孤独感に襲われた。そこでダゲ以外のシカ、つまりシポワン、エトワール、ラフレシュとも、ダゲのときと同じ方法で距離を縮めようと思いついた。ひとまずシポワンをさがしにいく。しかしシポワンはエトワールを連れて白亜の丘へ出かけていて、そこは私の行動圏外だった。斜面にびっしりと低木が生えていて、人間には通りぬけるのが難しいのだ。結局、その日はシポワンとの関係を進展させることはできなかった。

　ダゲ以外のシカと仲良くなるという試みは、実際にやってみるとそれほど簡単ではなかった。ダゲが私に心を許し、うしろを歩かせてくれたからといって、その様子を見ていたほかのシカが信頼してくれるとは限らない。現実はもっと複雑で、それこそ一頭ずつ慣らしていくしかなかった。ノロジカは冬のあいだだけ小さなグループをつくるのだが、そのときも同じことが起こる。グループ内の一頭から信頼されていたとしても、ほかのシカとは個別に、それぞれの性格を考慮しながら（これまた一頭一頭、驚くほど性格がちがう）、信頼構築のプロセスを繰り返さなければならない。冬のグループは一〇頭以上になることもあり、血族だけで構成されることもあるが、だからといってノロジカは群れで生きるわけではない。

六章

　ある日の夕暮れどき、私はダゲを見つけて、そのまま数時間、一緒に森を歩いた。早春の木々が芽吹きの時を迎え、みずみずしくて甘い葉を茂らせていた。ダゲは空腹にもかかわらずキイチゴの葉を食べたがらなかった。キイチゴ類の低木は一年を通して葉をつけるという利点はあるものの、冬が深まると苦みが増すという欠点もある。ダゲが移動を開始したので、私もあとをついていった。お目当ては森の端にある、ノルマンディー地方の伝統的な農場だ。夜になって車通りが減った林道を用心しながら渡り、二メートル以上ある塀を越えて、湿った草の上を農場内の菜園へ向かった。

　菜園の縁には、害虫よけにきれいな花が植えられている。ダゲはまず真珠のような水滴をつけた花を味わった。果樹園のリンゴの木の下で草をはむノルマン種のウシが、菜園に植わったニンジン、ジャガイモ、ネギ、フダンソウをうらめしそうに眺めている。ダゲは器用に土を掘り返してフダンソウと豆を食べた。

太陽が昇って人間が起きだす前に、私たちは森へ戻った。犬を連れて朝の見まわりに来た農場主は、小さな遠征の痕跡を発見して腹を立てるにちがいない。しかしダゲにしてみればあくまで生きるためにやったことだ。田舎暮らしには分かち合いの精神が欠かせないし、シカはイノシシほど農作物に被害を与えない。ダゲと知り合って数カ月、悪い相棒に誘われるまま、私もときおりこうした遠征に参加した。率直に言って、私自身もかなり飢えていたのである。

この時点ではまだ、月に二、三度の割合で人間社会に戻って英気を養っていた。家の冷蔵庫に入っている加工食品は以前と同じように食欲をそそったが、あとで消化に苦労するようにもなっていた。森で、苦みやえぐみのあるものを食べつづけたあと、急に大量生産される砂糖と塩の世界へ移行すると胃腸がびっくりする。フロマージュ・ブラン［訳注：ヨーグルトのような食感のフレッシュ・チーズ］は驚くほどカビくさかったし、買ってきたパンがこれほど硬くてのみこみにくいと思うのは初めてだった。ゆで卵を食べただけで胸やけがしたこともある。森のなかでは縁遠い食品で胃を満たしたあと、冒険の最初に準備した非常食を補うために、缶詰をいくつかリュックに放り込んだ。カメラのバッテリーを充電する。残念ながら森のなかは日照が少なすぎて太陽光充電器がまったく役に立たないのだ。補給が終わってから熱いシャワーをたっぷり浴びて、子どものころから使っていたベッドで数時間の仮眠をとり、日の出前に家を出る。森に入った息子をよく思わず、それを言葉にすることをはばからない両親とは、なるべく顔を合わせたくなかった。洗濯はどうしたかって？　洗濯はしない。いちばんの理由は人間社会の匂いを森に持ちこみたくないからだ。そんなことをしたらノロジカの友人たちがひどく神経質になる。そもそも森では衛生面などあまり問題にならないのだが、これについてはまたあとでふれることにしよう。

食べられるものを正確に選びとるノロジカの能力には、いつも驚かされる。子ジカは乳離れがすむとすぐ、母ジカに連れられて餌場へ行き、特定の植物をごく少量ずつ味わう。母親のまねをして食べることで、生後一カ月までには食べられるものと食べられないものを区別できるようになるのだ。嗅覚が鋭いので、口に入れる前にそれが自分にとって必要な食物がどうかを判断できる。そして非常によく動く唇と、長くて敏感な舌で、ヤブイチゲやヒヤシンスなど、草食動物にとって毒性のある植物も難なく食べてしまう。ノロジカの肝臓はほかのどんな反芻動物よりも発達していて、植物が採食から身を守るために生成する防御物質の影響を抑制することができる。またノロジカの唾液腺、なかでも耳下腺は、防御物質の代表格ともいえるタンニンの毒性を抑えるタンパク質を生成する。だからノロジカは、タンニンを敬遠するどころかむしろ、腸内の寄生虫を駆除するために一定量のタンニンを積極的に摂取する。

肥料を使って育てた草木は、自然に育った草木よりもはるかによい味がするようだ。シカは、同じ種類の植物でも苗床で育ったものと自然に育ったものを瞬時に見分ける。また新種のバラや畑に植わっているタバコの葉など、森でお目にかかれそうもない植物は非常に魅力的に感じるらしかった。ダゲたちが好むのは、甘いもの、しょっぱいもの、苦いもの、そして一般的に味の濃いものだ。キイチゴ類、ツタ、ギョリュウモドキ、ラズベリー、セイヨウサンザシ、ブラックベリー、そして春に芽吹いた若葉はもれなくシカが欲する栄養素を含んでおり、小さなノロジカにも届く高さの木なら格好の餌場になる。樹高がおおむね一二〇センチを超えると、ノロジカよりも体の大きなアカシカが食べてしまう。前の年に伐採され、春に新しいシュート（若枝）が出た切り株を見つけたらラッキーだ。キイチゴ類、ナラ、アカシア、セイヨウミザクラ、スピノサスモモといった森に育つ草木の葉は、苦みやえぐみが強いか、さもなければまったく味がしない。

シカは下草のなかで辛抱強く日没を待つ。そして暗くなってから草地や林道へ移動する。開けた場所へ出て、オオバコやスイバやタンポポを初めとする汁気の多い葉を食べるときの強烈な喜びは、飢えを知らない現代人には決してわからないと思う。葉といっても甘い葉もあれば、でんぷん質の葉もあるし、塩気や辛みを持つ植物もある。ノロジカといると、自分が単に森に住んでいるのではなく、森と一体化していると感じる。しかし寒い季節には食べ物が減り、口に入るものはキイチゴ類の葉くらいしかなくなる。そうした森の食料事情に適応するために、ノロジカの体は進化してきた。

二五〇〇万年前に現れたシカの祖先は、上顎に発達した犬歯を備えていた。シカが現在の形態になったのは、二〇万年前の更新世中期だ。ある古生物学者はノロジカのくるぶしの骨の構造を研究して、ノロジカがアカシカやダマジカよりもずっと長い歴史を持つと推測した。栄養価の低い草本植物を大量に摂取するほかのシカ科動物とちがって、ノロジカは手当たり次第に食べない。私がノロジカを美食家と呼ぶのは、栄養価が高く質のよい食べ物を選んで食べるからだ。葉、つぼみ、実、若芽も好物だが、果物も人気がある。ノロジカは知らず知らずのうちに、たとえばセイヨウナナカマドの種を林床にばらまいて、草木の繁殖を助けている。シカに食べられることで発芽率のあがる種もあるほどだ。

進化の過程で、ノロジカの上顎の切歯は軟骨でできた小さなクッションとなり、下顎の歯が上顎にあたったときに衝撃をやわらげる働きをするようになった。シカは齧歯類のように茎をかみ切ることはせず、茎を深く口にくわえ、そのまま臼歯ですりつぶす。森林に棲むノロジカの歯は、たとえ高齢であっても、草地に棲むノロジカほどすり減っていない。それは森のほうがやわらかくて質の高い食料が豊富だからだ。ノロジカの胃は第一胃から第四胃で構成されており、容量が小さいので（約五リットル）、一日に一〇回から一五回に分けて食事を

アネモネの香り｜多くの草食動物にとっては猛毒のアネモネだが、ノロジカは春になるとウッドアネモネを大量に食べる。

しなければならない。日中はもちろん、夜も食べつづけなければならないのだ。

食べることに満足すると、シカは木や岩の陰といった安全な場所で反芻する。反芻しているときの表情はいかにもくつろいで、幸せそうだ。反芻の際に邪魔が入ると、シカは強いストレスを感じる。それが繰り返されると恐怖を感じて、わずかな音にも過敏に反応するようになり、場合によってはヒステリーを起こすことさえある。経験を積んだシカは、たとえば日の出や日没の活動時間帯に頻繁に邪魔が入ると、落ち着いて反芻できるよう食事時間をずらす。

森に戻ってたっぷり休んだ私たちは、植林された区域を通りぬけた。直線的に若木が並ぶ単調な風景のなか、やわらかな葉を食べながら移動する。ナラ、トネリコ、セイヨウミザクラといった木々はどれも、ダゲをとりわけ惹きつけるようだった。芽吹きの季節。若芽はまさに快感の源で、私たちはパティスリーでずらりと並んだケーキを前にした子どものように高揚していた。新しく見つけた若芽は常に、さっき食べたものよりも美しく、おいしく感じる。ときどきダゲは木の頂の芽を食べる。頂芽のほうが味がいいというわけではないが、頂芽を摘むと脇芽が出やすくなって、長く楽しめるのだ。ノロジカは食事を通じて植生を管理する森の庭師のようなものだ。ノロジカが食べたからといって木が枯れることはないが、成長時の樹高が抑えられたり、ふつうよりも枝の多い木になったりすることがある。林業に携わる人にとってそうした木は売り物にならないので、経済的には〝枯れた〟も同然かもしれない。しかし自然界においては個々の草木が刺激に対して防御反応を示す。草木はどんな環境でも生きのびるための策を講ずるしなやかさを備えている。

私たちは植林された区域を離れて、クロウメモドキやシラカバが無秩序に生える細い道をのぼった。たっぷり食べたあとなので、ダゲが安全に反芻できる場所をさがしているのだと思った。しかしこの先はアリという、とても強いノロジカのテリトリーだ。シポワンと同じく、テリトリーのことになるとアリはひどく攻撃的になるので、私は少し心配だった。うしろを歩きながらダゲを観察していると、なんとなく体が斜めに傾いている。いつもと様子がちがい、足元がふらついているようだし、これといった理由もなくうなったり吠えたりする。アリが侵入者に気づくのは当然だった。

視界の隅に、威風堂々としたシカの輪郭が入った。大きく、筋肉質で、巨大な枝角を生やしている。一方のダゲはまったく意に介さない様子で、森でいちばん強く、縄張り意識の強いノロジカにひょこひょこと近づいていく。そのお気楽な足どりがアリの興味を引いたようだ。アリがいきなり、ものすごい声で吠えた。ダゲは一瞬、硬直したあと〝いったいどうしたんだ？　びっくりするじゃないか〟とでも言いたげな表情でアリを見た。アリが猛然と突進してきても、ダゲはのほほんとしている。アリはダゲから数センチの距離でとまった。ダゲがまったく怖がらないので、困惑したアリは少しあとずさりしてから、ダゲめがけてふたたび突進した。体当たりされたダゲは転んで鼻を鳴らしたが、何もなかったように起きあがった。アリはいよいよ混乱し、ダゲから少し距離をとって、さっきよりも大きな声で吠えた。ダゲは私の背後に隠れた。これにはちょっと参ってしまった。アリがまた突撃してきたら板ばさみになるではないか。しかし私に警戒したのか、最終的にはアリが引きさがり、不機嫌そうに吠えながら去っていった。夕方になったら戻ってきて、テリトリーのマーキングをやり直すにちがいない。

私たちはダゲのテリトリーへ向かって歩きだした。まだ動揺している様子のダゲは、ギャップの端にある一本の木の幹にもたれてこちらを見た。実際のところ、そうするよりほかに選択肢がなかったようだ。ダゲは酔っぱらっていたのだった。秋になると植物はアルカロイド、サポニン、ポリフェノールといった物質を細胞内に蓄え、濃縮して、つぼみなどを霜から守ろうとする。体のなかに一種の不凍液をつくるのだ。それを食べたノロジカは度数の高いアルコールを飲んだ人間と同じ状態になる。ときどき森のなかで千鳥足の動物を見かけるのはそういうわけだ。数年前、ウール県のブルテルード゠アンフルヴィルという小さな町の近くに生息するノロジカが、ホテル内にあるレストランの厨房の作業台下に居座ったことがある。シカをどかすのにたいへんな時間がかかったとか。植物に含まれる不凍液の量はそれほど多くないので、食べたノロジカすべてが酔っぱらうわけではない。そんな目に遭うのはよほど大食いのノロジカだけだ。

七章

早朝、言葉にできない喜びが私を襲った。ダゲが私の足元まで来て靴の匂いをかいだのだ。ただし、近づいてくるときもダゲの視線は私の手から離れなかった。いきなり体をつかまれるかもしれないという不安があるのだろう。ダゲのそんな気持ちがわかったので、私は両腕を体側につけて手のひらを上に向け、好きに匂いをかがせた。こちらに動くつもりがないとわかって、ダゲも安心したようだった。手をのばしてダゲをなでたい気持ちはもちろんあったが、必死にこらえた。

私の匂いを存分にかいだあと、ダゲはシポワンが君臨するマツ林へ向かった。そんなことをしたらシポワンを刺激するのではないかと思ったが、ダゲの歩みに迷いはなかった。辺りはうす暗く、どんよりした闇を朝日が貫くまでにもう少し時間があった。ふと、木立のあいだからささやき声のようなものが聞こえた。ダゲはとても耳がいいので、すぐさま音のした方向へ足を向ける。音の出所を確かめるつもりのようだ。私も用心しながらあとをついていった。ダゲは定期的にとまって空気の匂いをかぎ、何かに興味を引かれたようなしぐさをする。あの表情は恐怖心からくるものではない。さらに進むと数メートル先の暗がりに、エトワールの姿が見えた。エトワールはひとりで草の上に横たわっていて、シポワンは見当たらなかった。エトワールが私たちの匂いに気づき、こちらへ鼻を向ける。それから息を切らして起きあがり、よろよろと近づいてきて、弱々しく吠えた。ダゲが何度か小さくジャンプしてうしろへ飛びのく。私も退散しようと思ったが、エトワールの体調が気になって、結局、その場に残ることにした。

六月にしては肌寒い朝だった。エトワールは匂いで私を認識したようだ。ここ数週間で、私はシポワンの信頼を得ることに成功していた。エトワールも私に対してシポワンを上回るほどの興味を示してくれていた。エトワールは経験を積んだ雌で好奇心が強く、私とのあいだに特別な出来事があったわけではないのに、積極的に距離を縮めてくる。私はこの知的な雌ジカに深い敬意を抱いていた。エトワールは無言のまま、私から一〇メートルほど離れたところでふたたび地面に横になった。しばらく私を見つめていたが、そのうちに頭をさげて眠りはじめる。少なくとも私には眠っているように見えた。私はその場を動かず、エトワールを見守った。あとになってみればこれが大正解だった。しばらくしてエトワールが目を開け、ふたたび私のほうを見た。おそらく目を閉じているあいだに私が何かしてこないか試したのだ。ノロジカとつきあうときは決して自分のほうが賢いと思ってはいけない。

しばらくして、エトワールがしんどそうに立ちあがった。砂上の楼閣のごとく、今にも崩れそうに全身を震わせている。エトワールは一歩進んでとまった。私は、彼女が致命的な病気にかかっているとか、けがをしているとかではありませんようにと、心のなかで祈った。後肢にぽたぽたと液体が伝っている。エトワールは何度か小さくうめき、必死で痛みをこらえているようだ。私はエトワールの白い臀部がよく見える位置へ移動した。すると今まさに、エトワールがこの世でいちばんの贈りものを受け取ろうとしていることがわかった。子ジカが生まれるのだ！　エトワールの痛みは病気によるものではなく陣痛だった。私の目の前で、小さな命がこの世に出てこようとしている。シポワンが周囲にいないのはそういうわけだったのか。一般的に雌ジカは出産のときに雄が辺りをうろつくのを好まない。

羊膜を突き破って、蹄のついた二本の脚がだらんと垂れている。私とエトワールは接近していたので、うっかりするとその足をつかんでお産の手伝いをしてしまいそうだった。やめておけ、と理性がささやく。母子の濃密な時間を邪魔してはいけない。それでもエトワールの苦痛を自分のそれのように感じた。小さなうめき声を聞くたび、この勇敢な雌ジカの途方もない努力を思い知らされた。最初の収縮、何も起きない。二度目の収縮、まだだめだ。エトワールがもう一度、力いっぱい、いきんだ。時間が過ぎていく。もう一度、もう一度、そして突然、新たな命が、その重さに比例したどさりという音とともに地上に落下した。

生まれた！　ようこそ、おちびさん！

自分も子ジカの誕生に一役買ったかのような達成感が、腹の底から湧いてきた。そしてひとりで苦痛に耐え、試練をやりとげたエトワールを心から誇らしく思った。二頭目が生まれるのを待ったが、何も起こらない。どうやらひとりっ子のようだ。私はこの小さな雄にシェヴィという名をつけた。エトワールが子ジカに向き直った。シェヴィは全身を震わせている。エトワールは子ジカをなめて被毛を乾かしてやった。それからシェヴィの体にくっついている胎盤をきれいに食べる。残った胎盤がキツネなどの捕食者に見つかれば、まだ歩けない新生児と、出産で体力を奪われた母親の両方が危険にさらされるからだ。グルーミングが終わったとき、子ジカはなめられたせいで全身の毛がくしゃくしゃだった。一時間ほどしてシェヴィが立ちあがろうとした。最初の挑戦は失敗に終わる。二度目で成功したものの、数秒で転んでしまった。それでもすぐに立ちあがり、三歩歩いて草むらにつまずく。苦労して産道を通りぬけたばかりで疲れていた子ジカは、その場に崩れ、大好きな母親のほうへ体を寄せた。

しばらくして、シェヴィがふたたび立ちあがった。さっきよりもしっかりした足どりで四つある乳首のひとつに吸いつき、勢いよく母乳を飲みはじめる。母ジカは来年の春まで子ジカと行動を共にする。子ジカの隣でエトワールも眠たそうにしていたが、もう一度、子ジカの体をくまなくなめてから、鼻づらを愛おしげに舌でなぞり、おもむろに私のほうを見た。エトワールは明らかに驚いた様子で、長いこと私を見つめていた。出産にかかりきりで第三者の存在を忘れていたにちがいない。私はゆっくりと向きを変え、できるだけ音をたてないようにしてその場を離れた。

心が浮きたち、頭のなかをさまざまな考えが渦巻いていた。この先、シェヴィは雑木林のなかで数週間を過ごし、少し力がついたら母親のあとをついて歩くだろう。当分はそっとしておかなければいけない。エトワールがいくら私を知っているとはいえ、人間と子ジカの匂いが混じったらどんな反応を示すかわからない。育児放棄などのリスクを避けるため、子ジカとは距離を置くほうが無難だ。エトワール母子に会えなくても、ダゲやラフレシュなど何頭か顔見知りのシカがいるし、シポワンといるときに、母親のあとを歩くシェヴィと遭遇するかもしれない。

雌ジカにとって出産は非常に体力を消耗する一大イベントだ。最初の子が生まれてから次の子が生まれるまでに数時間かかることもあり、自然分娩できない場合は死の危険すら伴う。たとえばあとに生まれる子が逆子だった場合、先に生まれた子ジカも合わせて一度に三つの命が失われることもあるのだ。悲しいことにそういう死はめずらしくない。母ジカは出産中に場所を移動することがあるが、生まれたばかりの子ジカは数時間以内に母乳を飲まなければ死んでしまう。辺りをうろつく肉食動物の餌食になるかもしれないし、母ジカが戻ってきたときには低体温で息絶えているかもしれない。

生後六カ月までの生育は子ジカの生存率に大きな影響を及ぼす。また子の性別にかかわらず、生後一カ月までの死亡率がもっとも高く、その死はふつう、人間には気づかれない。二歳に満たない雌は体重が二〇キロ未満で繁殖力がほとんどない。今回、エトワールが一頭しか子どもを産まなかったのは、彼女がまだ若くて、体重がぎりぎり二〇キロ程度しかなかったからだろう。私の観察では、子ジカの数と母ジカの体重は密接に関係している。母ジカの体重が軽ければ軽いほど出産する子ジカの数も少なくなる。食物が豊富な近くの森（リヨン＝ラ＝フォレ）の雌ジカは三つ子を生んだが、体重は三〇キロ近くあった。この現象は捕食者のいない種の自然な個体数調整を表すものだ。出産する子の数はそのときの食料事情と連動している。

母ジカの母性も子ジカの生存率に影響を及ぼす。あとで詳しく紹介するマグノリアのように、あまり母性が強くない雌ジカの子どもは全滅することがある。より献身的で支配的な母ジカは食料の豊富な行動圏を確保し、自分にも子どもにも充分な食べ物を調達する。母ジカの栄養が足りていれば母乳もよく出るので強い子ジカが育つ。個体の性質はそうそう変わらないため、特定の母ジカの子どもの生存率が高くなる傾向がある。

さて、シェヴィはほかの子ジカと同じように、母親が安全を確認した茂みで地上における最初の数日間を過ごした。子ジカの成長にとってもっとも大切なのは生後一週間だ。それを過ぎると、こちらが感心するほどの機敏さで母ジカのあとをついてまわる。エトワールは多くの母ジカと同様、わが子を守るために献身的な努力をした。躊躇（ちゅうちょ）なくマムシを払いのけ、キツネを追い払い、猟銃の前にも立ちはだかる。母ジカのそうした努力にもかかわらず、とくに初夏は捕食者に襲われて死亡する子ジカが多く、冬場も積雪が子ジカの動きを妨げるため、捕食者に狙われやすくなる。

出産から一週間は母ジカが単独で食料をさがす。エトワールはシェヴィを安全な場所に座らせ、自分が戻ってくるまで動かないよう、小さないなきとともに命令する。長ければ数時間、子ジカは保護者なしで待っていなければならない。幸いにもシェヴィの被毛は茶色に白い斑点が入っていて、いいカモフラージュになった。子ジカの月齢にかかわらず、この斑点は七月になるとたちまち薄くなる。八月には斑点がほとんど見えなくなり、九月の終わりには大人のシカそっくりのぶ厚い冬毛が生える。そして顎の下に喉斑と呼ばれる白い斑点が現れる。

シェヴィの誕生を目撃したあと、私はダゲと合流したが、あの小さくてきゃしゃな子ジカが同じ森で呼吸していることを考えずにいられなかった（森の生活で子ジカの誕生を目撃したのはあれが最初で最後だ）。子ジカのイメージが何度もフラッシュバックする。カメラを持っていたらすばらしい瞬間を永遠に残すことができたのだが、子ジカどころか、最近のエトワールの写真すらなかった。悔しがっていたらさっきまで前を歩いていたダゲを見失ってしまった。ダゲにも私を待つ気はなかったようだ。嵐が近づいていた。それほどひどい風雨にはならないだろうが、風がしのげるマツ林に避難することにした。

マツの根元に座って一時間ほど経ったころ、まだ自分が父親になったことを知らないシポワンに遭遇した。シポワンは私がうしろを歩くことを許してくれるようになったものの、動作がぎくしゃくする。シポワンの場合はそれから数年して、私と歩くことが日常になってからも、ときどき混乱する様子が見られた。頭では安全だと理解していても体がついてこないのか、私がうしろにいると歩き方がおかしくなるのだ。前肢は頭と同調してリラックスしているのに、後肢がこわばって、自分の体を追い越そうとするように回転数が速まる。だからシポワンと歩くときは、警戒させないように距離を長めにとるよう心がけた。シカと行動するときは、こちらの考えを押しつけてはいけない。私は提案するだけで、決定権はシカにある。私はシポワンに話しかけ、この世で過ごすひとときを共有したいと思っていることを伝えた。私の声色はシポワンを安心させ、受け入れやすくする効果があるようだった。シポワンのマーキングが終わるのを見届けてから、別れた。

とりあえず雨が降ってくる前に落ち着く場所を見つけなければ。モミの枝を折って〝マットレス〟をつくって、しばらく休もう。心が激しく揺さぶられる体験をしたあとで、私は休息を必要としていた。夏はまだこれからだ。

八章

盛夏になり、ダゲとの信頼関係はますます深まっていた。濃い青の空に太陽が明るく輝き、気温も高い。明け方、ダゲは朝露で濡れた被毛を乾かすために、私が〝キツネのギャップ〟と名づけた場所へ行き、草むらに横たわった。そこは一四歳のころ、私が初めて雌ジカの写真を撮った場所でもある。当時、撮影した雌ジカを見たさにこのギャップをうろついたものの、近くの穴にきれいなギンギツネが棲みついたせいか、シカの姿はなかった。ちょうど春の終わりだったので、仮に私が撮影したシカが妊娠していたとしたら、もちろんキツネのいる草地は避けるだろう。

ダゲが草を食べるあいだ、私はハンターが若いリンゴの木の下に残したスイカとメロンを失敬することにした。リンゴの木の幹は木製のフェンスと金網で守られている。スイカやメロンといったごちそうは私のために用意されたものではないが、供物をちょろまかされたからといってイノシシは怒らないだろう。第一、イノシシはごちそうを食べなくても肥えてい

眠るダゲ｜神経質そうに見えて、ノロジカはおだやかで、生きることを楽しむ生き物だ。
ある日、私は人気のハイキングコース沿いに生えたキイチゴ類の茂みに座っていた。
すると茂みの奥からいびきが聞こえるではないか。ダゲだ。
ダゲは人を警戒することもなく、いびきをかいて眠っていたのだった。

る。

果物で腹を満たしたあと、ギャップに寝転んだ。するとダゲが寄ってきて、驚くべき行動をとった。私の隣に横たわって、体を押しつけてきたのだ。ダゲは満ち足りた、おだやかな顔つきでこちらを見ていた。ズボンを通してダゲの体温が伝わってくる。ダゲは私の膝の下に頭をのせて、寝る姿勢をとった。手をのばしてダゲをなでたい気持ちが込みあげたが、いやがられるかもしれないし、それで体を離されたら悲しいので我慢する。しばらくして、ダゲがわずかに顔をあげ、あくびをしながらこちらを見て、今度は太ももに顎をのせた。私の手のすぐそばだ。私は親指でダゲの頬を軽くなでた。ダゲにいやがる様子はない。おそるおそる片手をダゲの背中に移動させた。ダゲの反応を見ながら、長いこと背中をなでる。ダゲはリラックスして目をつぶっていた。ときどき筋肉がびくりと動く。人間になでられるのは初めてなのだから無理もない。実は、私の手も少し震えていた。シカをなでるのは初めてだったからだ。なでているうちに緊張がゆるんで、ダゲが本格的に眠りはじめた。ときどき小さくうなったり、鼻を鳴らしたり、蹄をぴくぴくさせたりする。夢を見ているにちがいない。太ももにかかる重みが増して、ダゲが完全に寝入ったことがわかった。

ノロジカはあまりボディコンタクトを好まない。とはいえ、互いに気に入った相手であればグルーミングをすることもある。そうした愛情表現は季節を問わず見られるが、とくに繁殖期に多く、それはグルーミングが求愛の儀式の一部だからだ。いずれにせよ、ダゲは私になでられて気持ちよさそうにしていて、私はそれがうれしかった。

平和な朝だった。頭上をミツバチが円を描いて飛び、ギャップのあちこちに咲く花から花粉を集めていた。満ち足りた時間を遮るものはひとつもない。私はしばらく地平線を眺めた。森の暮らしは常に木に囲まれていて、遠くを見渡す機会があまりないので、開けた景色が新鮮だったし、澄んだ空気を吸って気分がよかった。

遠くに人影が見えた。トレッキングポールを手にしたふたりのハイカーがこちらへ歩いてくる。最初はさほど注意を払っていなかった。近くにハイキングコースがあるし、丈のある草が私とダゲの姿を隠しているからだ。ところがハイカーたちはギャップを突っ切ってまっすぐこちらへ向かってきた。五〇代の男女が互いに言葉を交わすこともなく、一定のペースで迫ってくる。ダゲはまだ眠っていた。私は、ダゲがかぎ慣れない匂いに気づいたり、ハイカーの足音に気づいたりして目を開けたとき、いつでも立てるように身構えた。しかし実際は何も起こらなかった。本当に何も起こらなかったのだ！

通りすぎざま、ハイカーたちが〝こんにちは〟とあいさつをしてきたので、私もあいさつを返した。ダゲは気絶したように眠っている。ふたりはにっこりしてそのまま通りすぎていった。そんなことが起きるとは信じられなかった。ノロジカが私の膝枕で寝ているのに、私がその背中をなでているのに、何も言われないなんてことがあるだろうか？　ダゲはぴくりとも動かず、私にもたれてすやすやと眠っていた。ハイカーたちはダゲを犬だと思ったのかもしれない。いずれにしても、この出来事には本当に驚いた。

それから一五分ほどして、眠り姫ならぬ眠り王子が花開くように目を覚ました。ダゲは辺りを見まわして鼻づらをなめ、大気の匂いをかいで立ちあがった。大きくのびをして鼻を鳴らし、何事もなかったかのように毛づくろいを始める。実際、ダゲにとっては何も起きなかったも同然だった。緊張を解いて昼寝をしても大丈夫と思うほど、私を信頼してくれたのだろう。私がそばにいることで、サバイバルの重圧から一時的に解放されたのだ。友人の眠りを守る役目を授かったことが、私はとても誇らしかった。

九章

ダゲと一緒にギャップを離れて森の奥へ向かった。ダゲが森の端でブラックベリーを食べはじめたので、私はダゲに気づかれないように、できるだけ静かにその場を離れ、シポワンのテリトリーへ向かった。ダゲとシポワンが鉢合わせをして揉めごとが起きるのは避けたかった。

道がカーブしたところでエトワールに会った。うしろにシェヴィもいる。シェヴィは生後三カ月で、すでに乳離れはすんでいるが、来年の春まで母親にくっついて森で生きる術を学ぶ。森という厳しい生息環境では体力がなければ生き残れないので、シェヴィの順調な成長ぶりがうれしかった。一歳になる前に死亡する子ジカはたくさんいる。肺線虫や肺吸虫といった寄生虫、シラミやヒツジバエの幼虫やシカシラミバエ、まれにウシバエなどにやられることもある。寒さや湿気の多い天候で体調を崩して死に至る場合もある。そうした理由で命を落とした小さな遺体を見つけると、当然のことながら毎回、胸が痛む。しかしそれは森林における生態系のバランスを保つための、自然の調整作用でもある。

シェヴィとはあれから何度か遭遇していたが、これまでは接近しないようにしてきた。子ジカが私の匂いと母親の匂いをまちがえたり、人間の匂いのついた子ジカを母ジカが見捨てたりする危険があったからだ。しかし生後三カ月にもなればその心配はないし、シェヴィと友達になれたら楽しいにちがいない。エトワールは私を信頼していて、シポワンも私をよく知っている。シェヴィにはまだ人間が怖いという認識もないので、近づいても警戒しないだろうなどと楽観的なことを考えた。

私はまずエトワールに近づいた。エトワールはとくに反応しなかった。シェヴィは母親のすぐそばに横たわっている。周囲で起きるすべてを観察して不思議がっているものの、恐れてはいない。これまで見てきたかぎり、子ジカは母親の反応によって行動を決めるようだった。ゆっくりと距離を詰め、シェヴィから数メートル離れたところに座る。シェヴィが耳をぴくぴくさせながらこちらを見た。その後も何度か視線を送ってくる。シェヴィがひそかに母親の反応をうかがった。エトワールはくつろいだ様子で、私のほうを見てもいない。シェヴィは感度抜群の大きな耳を左右別々に動かし、あらゆる方向から聞こえるほんのわずかな音にも反応して、たちまち警戒態勢に入るのだった。経験を積めば聞き慣れた音と危険を知らせる音の区別がつくようになる。たとえばトラクターのエンジン音やチェーンソーのうな

シェヴィ｜有蹄類であるシカの蹄は剃刀のように鋭い。
あるとき、シェヴィが私をハグしようと靴の上にのって顔を寄せてきた。
鋭い蹄は靴を突きやぶって、私の足に刺さった。

りなどは日常的に聞こえてくるので〝無害な音〟に分類される。一方で静けさのなか、パキッと小枝が折れる音が聞こえたら、ただちに警戒レベルを引きあげなければならない。

大気の匂いをかいだシェヴィが驚いた様子で立ちあがり、母親ににじりよった。警戒心の高まりとともに尻斑が逆立つ。実際に臀部の筋肉が収縮して真っ白な毛がふくらみ、それが警戒信号となって仲間に危険を知らせる。捕食者は森のなかでこの美しい白い毛を目印に獲物を追跡するが、シカが向きを変えたとたんに白い毛は消える。巧妙な目くらましだ。尻斑のほかにも臭腺から特有のフェロモンが出て、近くにいるほかのシカに危険を知らせる。

シェヴィがあらゆる方向にジャンプしながら小走りで移動を始めたので、私はかなり距離をとってついていくことにした。エトワールもわんぱく坊主を心配してあとを追う。母親が追いついたあとも、シェヴィはまるで死の危険が迫っているかのように母親の脇にぴたりと身を寄せ、小さく鼻を鳴らし、たびたび母親を見ては〝さっきからあとをつけてくる、あの大きくておかしな生き物が見えないの？〟とでも言いたげなしぐさをした。エトワールは初めのうちこそ息子の問いかけに無頓着だったが（私が危険でないことを知っているので）、シェヴィがあまりにも頻繁に不安を訴えるので、少し神経質になってきたようだった。おそらくシェヴィは本能的に人間やイノシシやリスといった動物を恐れていて、その恐怖心はたとえ母親でも完全に消すことができないのだ。人間は人間でも、私は警戒しなくても大丈夫だとわかるには、まだ幼すぎるのかもしれない。

しばらくしてエトワールの横を歩いていたシェヴィが、いきなり弾丸のようなスピードで走りだした。べつに私との距離が縮まったというわけではない。むしろ走りだすまで、私はシェヴィを見失っていた。エトワールが反射的に息子を追いかける。シェヴィが怯えて逃げたと思ったのだろう。私も何も考えずにあとを追った。追いついたと思ったら、またシェヴィが全力で走りだす。エトワールが追いかけ、私もついていく。本当にわけがわからなかった。周囲に危険なものなどひとつもない。すべてはおだやかで平和だった。意味のない追いかけっこが繰り返され、エトワールが本格的にぴりぴりしはじめた。走れば走るほどシェヴィのストレスは大きくなるようで、エトワールも本気で心配になってきたらしい。私たち全員が明らかに緊張していた。ついに私はシェヴィを追うのをやめ、しばらく好きに走らせてストレスを発散させた。シェヴィはある程度の距離を走ってから立ちどまり、さっきよりもおだやかな様子で母親を待った。これ以上、騒ぎを大きくしたくないので、私はその場にとどまり、母子が遠ざかるのを見送った。意味もなくシェヴィを疲れさせたり、私に対する精神的な壁をつくらせたりしたくなかった。

子ジカが母ジカを盲目的に信頼するのは最初の数週間で、成長するにつれて自我や自由意思が芽生える。生後三カ月のシェヴィは母親のまねをするだけでは満足せず、自分の耳で聞き、目で見て、本能に従って行動するようになっていた。母親が私を信頼していることはわかっていても、シェヴィにはその理由が理解できないので怯えているのだ。シェヴィはジョギングをする人も、ハイカーも、ハンターも、伐採業者も見たことがない。私のふるまいをほかの人間と比較して解読することができない。だから〝逃げろ〟という本能の指令に、直感的に従ったわけだ。今はまだ、シェヴィと友達になるのは無理そうだった。シェヴィは野生すぎる。両親が私を受け入れているのだから、時間をかければなんとかなりそうな気もするが、さて、どうなることやら……。

一〇章

森に秋がやってきた。木の葉が淡い黄色から濃い赤まで、千通りもの色に染まる。この季節になると、私はアメリカ先住民のウェンダット族に伝わる伝説を思い出す。デヘンヤンテーという聖なる名を持つシカにまつわる物語だ。ちなみにデヘンヤンテーという名前には〝この者のために虹が七色の道をつくった〟という意味がある。（九九ページ参照）

空の守護神であるリトル・タートルをうらやんだシカは、自分もグレート・アイランドを出たい、何より広くて青い空に行ってみたいと考えた。その願いを雷神に告げたところ、虹を渡って空へ行けと助言された。シカは春を待った。ようやく春が来て、雷神が最初の雨を降らせると、空に虹がかかった。シカは虹を渡って空にたどりつき、思う存分駆けまわった。

同じころ、グレート・アイランドでは、動物たちがシカの行方を案じていた。オオカミは森をさがし、タカは空をさがした。そして動物たちは元気いっぱいに空を跳ねまわるシカを見つけ、自分たちも七色の橋を渡って空へ行くことにした。クマは、グレート・アイランドの仲間を忘れて身勝手なふるまいをしたシカを非難し、決闘を申しこんだ。戦いはすぐに始まった。シカは雷光の速さで突撃し、クマの体を枝角で突いた。クマは致命傷を負い、おびただしい血を流した。その血はグレート・アイランドまで流れて木の葉を赤く染めた。それからというもの、毎年、秋になるとシカとクマの決闘を偲んで、森の木々が赤く染まるようになった。

伝説によると、自然の勢いが衰える秋の美しさは、地上を去った魂に昔を思い出させ、故郷を懐かしがらせる。秋は精霊の季節でもあって、神々もグレート・アイランドに戻ってくる。この時期、夜空に美しい光を放つすばる（プレアデス星団）も天上界の家を出て、グレート・アイランドの空で輝く。

秋分が過ぎ、しだいに夜が長くなって、冬至がやってきた。肌寒い朝、私は前の晩に焚き火で焼いたクリを味わっていた。小腹が減ったらいつでも食べられるくらいの量がある。ここ一週間ほどじめじめした天気が続いているので、どちらにせよ長くはとっておけそうもない。残ったクリを燃えさしで乾煎りして、数日間は楽しむつもりだ。完全に冷めてから密封できる袋に入れる。

冬を乗り切るには覚悟がいる。何より大事なのは昼でも夜でも、森のどこにいても寒さと闘う手段を手に入れること。その手段とは火を熾すことにほかならない。森のあちこちに小枝、モミの枝、木の皮、松かさをセットにしてストックしておく。食料に関しては森の地形に詳しくなったので、真冬でも必要最低限の食べ物、たとえば塊茎やノラニンジンを見つけることができるようになった。タンパク質が不足しないようにヘーゼルナッツ（セイヨウハシバミの実）も貯蔵してある。

いずれは人間社会に頼らず、完全に自立して暮らせるようになりたいと思っているものの、悲しいかな、そう簡単にはいかなかった。ときどき家（厳密には両親の家）へ行ってカロリーの高い食品を摂取し、体をあたためる。このころになると舗装道路を歩いたときに妙な感覚を覚えるようにもなっていた。コンクリートの硬さや冷たさはもちろん、完全に平らなところに違和感を覚えるのだ。私の足はすっかり森に順応していた。家に帰るとフロマージュ・ブランにミューズリーを入れ、砂糖をたっぷりかけて食べる。カメラのバッテリーを充電するあいだも雑多な匂いが鼻腔を刺す。冷蔵庫の匂い、漂白剤の匂い、暖房やカーペットや服の匂い。清潔かどうかではなく、匂いの強さが問題だった。この家に住む人間の体臭さえも強烈に感じられる。家を出るときにパスタを数袋と、ツナとイワシの缶詰をリュックに詰める。最後に、森のサバイバルで欠かせないものを買うために店に寄ることもある。食料を入れる密封袋と火を熾すためのマッチだ。

森では夜明け前に散歩をして日の出を眺めるのが日課になっているのだが、その日は谷底に雲が立ちこめて太陽を隠していた。私がいる草地から、教会の鐘楼がかろうじて見える。ウシたちが新鮮な草をうまそうに食べている。私は有刺鉄線の柱に寄りかかった。そこでひとり、世界が目覚めるのを眺めていると気分がよかった。大きなコガネグモの巣に朝露が光っている。子ウサギがきょうだいで追いかけっこをし、それに飽きると今度は母親を追いかけはじめる。三、四頭の子ウサギが母ウサギを転ばせて、赤ん坊のときのように乳首に吸いつく。アナグマが鼻を鳴らし、息を切らしながら砂利道を駆けあがってくる。アナグマはいつも不愛想で不満そうだが、彼らにとって谷底を走る道路の横断は命がけなので、今日も無事に戻ってこられてよかった。アナグマを見かけると私はいつも、彼らが小さな外出からちゃんと帰ってこられますようにと祈るようにしている。夜通し狩りをしたあとで、職場へ急ぐ通勤の車でぺしゃんこにされるなんてあんまりだ。そういえば今朝はアトリの鳴き声がしない。アトリが鳴くと雨が降る。だからその鳴き声を聞くと私は悲しい気分になる。アトリのまねをするシジュウカラの声にも同じような効果がある。

霧が濃くなり、森の境界が見えにくくなってきた。ふと、よく知っているギンギツネの雌を見つけた。ダゲと一緒にいるときに何度か遭遇したことがある。私がテリルと呼んでいる

霧｜森のサバイバルでいちばんつらいのは冬ではない。寒さには慣れる。一方で春や秋の雨が多い時期は厄介だ。服が濡れたら硬く絞って空気を通す。そうすることで衣類の繊維が膨らんで、水を通しにくくなる。

このキツネはとても美しい。胸に輝くばかりの白い毛が生えていて、四肢の先はグレーがかっている。体と平行にのびた尾もふさふさとして気品があった。見栄えのするキツネなのだ。テリルは森の縁に設けられたフェンス沿いに歩き、立ちどまって考え込むようなしぐさをした。私は息を殺してじっとしていた。テリルに気づかれたくなかったからだ。素のままの行動を観察したかった。テリルは鼻をあちこちに動かして大気の匂いをかいだ。それから頭をさげ、草地を横切りはじめた。ぴたりと動きをとめ、雌ウシを見る。テリルのほうがずっと体が小さいせいか、雌ウシも子ウシも警戒していないようだ。しかしテリルが手前のウシとの距離を詰めると、そのウシが後肢でテリルを蹴ろうとした。気を取り直して二頭目のウシに近づく。キツネとウシの駆け引きに、私は興味を引かれた。横たわってまどろんでいる雌ウシがいて、テリルがさりげなく距離を詰めても無関心だった。気づいていないわけではないが、とくに脅威を感じていないようだ。テリルはウシの正面に座ってその顔をじっと見た。雌ウシはどこかとぼけたまなざしでテリルを見返し、まぶたを半分閉じたまま反芻を続けた。テリルがもう一歩、距離を詰める。もう一歩、もう一歩、そしてうしろへ跳ねた。ふたたび同じ動作を繰り返す。一歩、二歩、うしろへ飛ぶ。テリルはこの動きを何度か繰り返し、そのたびにウシの反応をうかがうのだが、相手は相変わらずぴくりともしない。するとテリルはよく張ったウシの乳房に近づき、そこから浸みでた乳をなめはじめた。ウシは無反応だ。

テリルは動きをとめてちらりとウシの顔色をうかがったが、雌ウシはやはり、まったく反応しなかった。

一部始終を見ていた私は、文字どおり、キツネに化かされた気分だった。なるほど、ああすれば森で牛乳を飲めるのか！　ギンギツネに教えられるまで、そんなことができるとは思いつきもしなかった。牛乳で腹を満たしたテリルがゆったりした足どりで霧のなかへ消える。私はさっそくウシの群れに近づき、鼻を蹴りとばされることなく接近できる雌ウシをさがした。一頭、気のよさそうな雌ウシがいた。私はウシの前にしゃがんで、搾乳を始めた。雌ウシの乳房はぱんぱんに張って、静脈が浮きでていた。搾乳しながら、こうすることで雌ウシも少し楽になるのかもしれない。お互いの利益になるかもしれないなどと考えた。生ぬるいミルクが喉を流れ落ちる喜びときたら！　濃厚で自然な甘みがあって、まさしく至福の味だった。

森に住むと、液体を飲むことが強烈な喜びになる。飲料可能な水は限られていて、大量に手に入らないからだ。だからといって水分補給が難しいわけではない。朝晩に食べる植物には露がおりているし、そもそも葉の大部分は水だ。つまり食べながら飲んでいるようなもので、実際、ノロジカは水源地に行かなくても一日三リットル以上の水分を摂取できる。しかし消費社会で育った私たち人間は、コップやボトルでまとまった量の水を飲むことに慣れている。だからそういうふうに飲めなくなると、いつも喉が渇いたような感覚に陥る。

森で渇きを癒やす方法はふたつある。ひとつめは雨が降ったあと、魔女の虫歯にたまった水を靴下で濾して飲む方法だ。魔女の虫歯というのは木のうろのことで、幹が分かれる場所にできやすく、ブナの木に多い。靴下で濾した水をキャンプ用の湯沸かし鍋に入れ、焚き火で沸騰させれば、あとは飲むだけだ。ふたつめの方法は私のテリトリーから二・五キロほど西にある、ヴァル・ア・ルー（オオカミの谷）と呼ばれる小さな採水場へ行くことだ。周辺の村々に水を供給している採水場で、飲料適性を検査するための水道もついている。施設はフェンスで囲われているが、荒天や飛んできた枝などでフェンスが破れている個所があるので、そこをくぐれば二本あるボトルを冷たい水でいっぱいにできる。キツネのおかげで、今や私は喉の渇きを癒やす三つめの方法を発見した。腹いっぱい牛乳を飲んだ私は、幸先のよい一日に感謝してダゲをさがしにいった。

水問題といえば、森の生活における私の衛生面はどうなっているのだろうと疑問をお持ちの方もいるだろう。まず、私にはひとつ有利な点があって、それは体毛が薄いことだ。脚と脇と陰部を定期的に洗えば、残りはさほど気にならない。しかし飲み水の確保も難しいのに、体を洗う水はどうやって手に入れるのか？　これについては森のまんなかに〝四兄弟〟と呼ばれる立派な木がある。それぞれ高さ四〇メートルほどもある四本のブナは、伐採された切り株から再生した。四兄弟は完璧なシンメトリーを保って成長し、その中心に雨水がたまる大窯を形成した。ここに体を洗うのに充分な水がたまる。そういう生活を続けると外見はどうなるかって？　正直なところ、最初の数カ月は虫に体中をかまれてたいへんだった。だが日が経つにつれて皮膚が硬く、厚くなり、寒さに対する抵抗力もついた。今、私の肌はすべすべだ。口内衛生に関しては砂糖を摂取しないので虫歯の心配はない。灰を水に溶かして人差し指につけ、歯の表面をこするだけで歯磨きは終わりだ。もちろんドラッグストアで売っている歯磨き粉のようなさわやかな風味はないが、この冒険が始まって以来の食生活と比較すればそれほど衝撃的な味でもない。

※『ヒューロン＝ウェンダット族：あまり知られていない文明（Les Hurons-Wendats : Une civilisation méconnue）』ジョルジュ・E・シウイ、ラヴァル大学出版局、一九九四年。『現代を生きるヒューロン族の宗教的概念（Religious Conceptions of the Modern Hurons）』ウィリアム・E・コネリー、ミシシッピ渓谷歴史評論第九巻二号 pp.110-125、オックスフォード大学出版局（アメリカ歴史家協会代理）一九二二年九月。

一一章

果てしなく続く秋の夜、私はエトワールと数時間の遠出をした。エトワールはひとりだった。シェヴィはおそらくシポワンやダゲと一緒にブナ林に残ったのだろう。シポワンとダゲは冬のあいだ友情を育むことにしたようで、私もここ三日ほど彼らと一緒に過ごしていた。朝の森は気温が低く、濃い霧が林床をおおっていた。わずかに残った紅葉を揺らす風もなく、どこまでも静まりかえっている。開発中の森の一角ではキイチゴの木がトラクターにつぶされ、泥まみれになっていた。地面はどこもかしこもぬかるんで、何度か轍に足をとられて転びそうになった。ここ何日かずっと雨が降っていて、池があふれて地面は水浸しだ。一歩踏みだすたびに足が泥に沈んで、なかなか前に進まない。

私たちは湿気の少ないマツ林へ行き、そこで午後を過ごした。エトワールがアンズダケを食べ、私はエトワールが食べない分をとって鍋に入れた。今晩、薪の火で調理するつもりだった。全身ずぶ濡れで寒かったので、アンズダケを初めとするキノコ数種とイラクサとキイチゴの葉のスープで体をあたためようと思った。焚き火をすれば服も乾く。エトワールが険しい斜面にさしかかった。その下にはマツ林とナラ林を分ける伐採用道路がある。私はエトワールから少し距離をとってついていった。道路を渡るとき、エトワールがじっくり考えることを知っているからだ。実際に渡るまでに数時間かかることさえある。だからキノコを採りながらのんびりついていった。

突然、足裏から奇妙な振動が伝わってきた。初めて感じる揺れで、いったいなんなのか見当もつかなかった。ノルマンディー地方で地震？　そんなことはありえない。次の瞬間、銃声が森の静寂を切り裂いた。私はすぐにエトワールの姿をさがした。パニックを起こしたエトワールは伐採用道路を見おろす狭い尾根へのぼって、何が起きているのか、どこから音が聞こえてきたのかを確かめようとしていた。足から伝わる振動がどんどん大きくなり、二〇頭ほどのシカが狂ったように私のほうへ突進してきた。とっさに木の陰に隠れなかったら、そのうちの一頭と正面衝突していただろう。疾走する群れが森の奥へ消え、二発目の銃声が響いて、銃弾がエトワールの体をかすめた。エトワールがふたたび走りだし、危険を知らせる鳴き声をあげながら私の横を通りすぎた。

バアアア！　バアアア！　バア、バア、バア！

エトワールは全力で走っていた。恐怖に全身の血が凍る。私はキノコの入った鍋を落とし、

ジミー｜ジミーはすてきな友人で、体重が100キロ近くある。
狩猟のとき、一緒に隠れていて意気投合した。
ジミーの連れ合いのゴベットは銃弾で足をもがれ、子どもたちの多くも殺された。
それ以降、ジミーはハンターを見ると躊躇なく突進する。

エトワールを追って走りだした。マツ林は木と木の間隔が狭く、折れた枝が地面に積み重なっているので、前を見ながら走るのが難しかった。ようやくエトワールが走る速度をゆるめた。かすかによろめいている。息を切らしてエトワールのもとへ駆けつけ、傷の程度を確かめようとしたが、よく見えなかった。遠くで狩猟用の笛が四度鳴った。シカ発見の合図だ。鈴をつけた猟犬たちがにぎやかな音をたて、恐怖をまき散らしながら下草を分けて走ってくる。私たちめがけて！

エトワールがふたたび走りだし、力をふりしぼって跳ねた。一〇〇メートルほど行ったところにセイヨウハシバミとプラムやキイチゴの低木が、難攻不落の要塞のように密集しているところがあり、枝の隙間からエトワールの姿を確認することができた。少し遅れて猟犬が到着したが、私の挑みかかるような立ち姿を見てそのまま通りすぎていった。私はエトワールが逃げこんだ沢の入り口に戻って、リュックをつるした。リュックには私の匂いが染みついているので、猟犬たちの鼻をごまかせるかもしれないと思ったのだ。そしてエトワールがいる藪の向かいに隠れた。

しばらくしてハンターがリードにつながれた犬を何頭も連れてやってきた。リュックが効果を発揮したらしく、犬たちは私やエトワールに気づかず遠ざかっていく。これでしばらく戻ってこないだろう。だが念のためにもう一時間くらい隠れて、ハンターの一団が完全にいなくなるのを待った。そのあいだもエトワールの具合がとても心配だった。

辺りがうす暗くなってから、急いでエトワールのいる藪に近づいた。かわいそうなエトワール。藪に入って数メートルほどのところに、胸に致命傷を負ったエトワールが横たわっていた。全身が小刻みに震えている。私は藪の外からエトワールに声をかけ、一緒に経験した楽しいことをひとつひとつ数えあげた。

「ありがとう、小さなエトワール。いろんなことを教えてくれて、友情をくれて、尊敬と愛情をくれて」

「……」

できるだけしっかりした声で話そうとしたが、胸がつぶれそうだった。エトワールの傷は自分がどうこうできるものではない。こうして声をかけるくらいしか、できることはないのだ。エトワールは私に愛情のこもったまなざしを向け、上層の大気の匂いをかごうとしたのか、わずかに頭をあげた。

一日の終わりを告げる太陽の光が、空に筋をつけている。やわらかな大気を切って、数羽の鳥が渡っていく。涙で視界がぼやけた。悔しくてたまらない。エトワールがこれから味わうはずだったあらゆる楽しみと喜びが、無残にも奪われてしまったからだ。エトワールは私を見て、すすり泣くように声をあげたあと、地面に頭を落とした。秋の湿った、冷たい大地の上で、エトワールの胸部が苦しげな呼吸に合わせて上下する。エトワールの体から命の輝きが抜けていく。美しい命が、静かな、灰色の光のなかに消えはじめる。

「ああ、エトワール、守ってやれなくてすまない。私にもっと力があれば……」

「……」

「シェヴィのことは任せてくれ。あの子はまだ生後五カ月だ。強く、たくましく育って自分のテリトリーが持てるまで、立派なテリトリーが持てるまで、ちゃんと見守るから。約束するよ、愛しいエトワール。必ず見届ける」

エトワールの周囲には、手でふれられそうなほど濃密な悲しみがただよっていた。草の葉を揺らす風もなく、濃い霧を照らす光もなく、冷たい大気には特別の香りなどひとつもしない。それでも森全体が悲壮感に包まれるのを感じた。木々が涙を流せるものなら、この瞬間、森のなかにいく筋もの川ができたはずだ。エトワールは衰弱し、苦しんでいる。小さな体から、死の気配が毒のように浸みだしている。一一月の鉛色の空気のなか、空に立ちこめた低い雲が、最後の光を反射して赤く輝いている。エトワールが目を閉じる。日の光が完全に消えた。

願わくばグレートアイランドの空で、エトワールが永遠の輝きを放ちますように。夏の猛烈な暑さに耐え、暗くて長い冬の夜に耐え、あらゆる出来事に持ち前の強さと勇気を持って挑んだ美しい雌ジカよ。みなさんも森へ入り、シカと目が合う機会があったら、フランスの森にエトワールというシカが生きていたことに思いを馳せてほしい。気持ちよく始まった秋のある日、一発の銃弾によって砕けた命があったことを。野生の命とはそういうものだ。私が愛してやまない、とても美しいと同時にあまりに残酷な自然界においては、それが命の在り方なのだ。

　命の灯が消えた友の遺体のそばで、私は長い時間を過ごした。かわいそうなエトワールを要塞のような茂みから出してやらないといけない。いずれはハンターたちが戻ってくる。弾があたったことがわかっている以上、〝血をさがす者（シェルシュール・オ・サン）〟とあだ名される犬たちを従えて、戦利品をさがしにくるだろう。私は苦労して要塞に分け入り、両手で友人を抱えた。猟場から遠く離れた、誰にも見つからないところまで運ぶつもりだった。二〇キロほどしかないとはいえ、エトワールの体はとても重く、抱えて歩くのはかなりの重労働だった。しかしエトワールの肉が冷凍庫に入れられ、ハンターの食卓にのぼるのだけは許せない。エトワールにそんな最期は似合わない。なんといっても〝星〟という名を持つシカなのだ。私は両腕に力をこめ、なけなしの力をふりしぼった。ようやくここだという場所に到着し、いつも持っているサバイバルナイフを地面につきたてた。穴を掘るのは予想以上にたいへんだった。チョークとフリントの層に阻まれて、充分な深さまで掘ることができない。しかたなく浅い溝にエトワールを横たえ、モミの木の枝を麻ひもで結わえて小さな屋根をつくり、体をおおった。その上から土やコケやシダをかぶせて、腐臭が野良犬を引きつけないようにする。しばらく前から雨が降りはじめ、私はずぶ濡れで震えていた。それでも早くシポワンやダゲや、母を失った哀れなシェヴィのそばに行かなければと思った。

夜通しさがして、ようやく三頭を見つけたのは早朝だった。狩猟が始まったときに三頭も逃げたのだ。みんなの無事な姿を見られてうれしかった。三頭とも健やかで、安全な場所にいる。ダゲとシェヴィは地面に寝そべっていた。シポワンだけがすくっと立って頭をあげた。こちらの感情が読めるのか、服についたエトワールの血の匂いに気づいたのかはわからない。シポワンは怯えた様子で私のところへやってきて、数秒間、服の匂いをかいだあと、大きな声で鳴きながら走り去った。なんともいえない感情が込みあげて、目から涙があふれた。またひとり、友を失ってしまったかもしれない。シポワンは私がエトワールを殺したと思ったのではないだろうか。驚いてエトワールをさがしに行ったのかもしれない。だがどこをさがしても見つけることはできない。エトワールは死んでしまったのだから。ダゲとシェヴィは平然としていて、私の体にしみついているにちがいない死の匂いにも動揺した様子はなかった。絶え間なく降る雨のせいで服についた血が乾く間もなく、着替えを入れたリュックサックは一キロ以上離れたところに埋まっている。着替えをとりに行きたいが、ダゲとシェヴィを放っていけなかった。体調を崩さないためにもリュックをさがしにいくべきだとはわかっていても、その場を離れる気になれなかった。

数時間後、シポワンが戻ってきた。私のところへ来て、じっと顔を見つめ、周囲をまわりながら服の匂いをかぎ、血が染みたズボンをなめた。そのとき私は、シポワンがすべてを理解していることに気づいた。理由は説明できないが、シポワンの態度が物語っていた。シポワンは私を責めていないし、ふたりの友情は変わっていない。安堵が込みあげた。

その日の午前中はみんなで過ごした。私は無意識のうちに悲しみと憂鬱をばらまいていたにちがいない。日が暮れるころ、やはりリュックをとりにいこうと決意した。汚れた服のままでいるなんてばかげているし、そんなことをしていてもエトワールの死をなかったことにできるわけではない。まだ降りつづいている弱い雨でぬいだ服を洗った。乾いた清潔な服を着て、小さな火を熾し、食べるものをこしらえてぬれた服を乾かす。

あたためた缶詰をこんなにもうまいと思う日が来るとは思わなかった。長いこと何も食べずにいて空腹が限界に達すると、味覚が驚くほど敏感になる。あらゆる風味が強調される。塩、砂糖、胡椒――さまざまな味が口のなかで花火のように炸裂した。シポワンとシェヴィもやってきた。二頭はまだ端から煙が出ている焦げた薪を食べようとする。炭素は自然界ではなかなか摂取できないからだ。薪を食べた二頭は私と同じくらい満足そうだった。食いしん坊のシポワンが空の缶詰に口を近づけ、少し残っていたソースをなめた。そのまま午後はシポワンとシェヴィと過ごした。シポワンはまだ連れ合いの姿をさがしている様子だったし、シェヴィが母を恋しがって小さくきしむような声をあげるたび、私の胸は痛んだ。

後日、どうやったのかわからないが、シポワンはエトワールの足跡を発見した。ハンターの一団がやってきたときに私たちが逃げたのと同じ経路を歩き、ついに私がエトワールのためにつくった墓を見つけたのだ。母親の匂いに気づいたシェヴィと一緒に墓の周りを歩く。母の返事を期待して、シェヴィが小さな声で鳴いた。その光景を見た私は申し訳ない気持ちでいっぱいになった。罪の意識が込みあげる。私はエトワールを守れなかった。

数時間後、私たちはふりかえることなくエトワールの墓をあとにした。これからエトワールのいない世界で生きていかねばならないという事実を、私の心はなかなか受け入れられずにいた。それでも日が経つにつれ、残された者は先へ進むしかないのだと、シポワンがその力強い生き様を通して教えてくれた。森で出会ったもっとも優れた魂のことを後悔なく記憶しておかなければならない。自然界では毎日たくさんの死がある。命が失われるたびに嘆いていたら、生きている時間のすべてを悲しむことに費やさなければならない。世界は続いていくのだ。

エトワールの死後、シポワンはシェヴィを連れ歩くようになった。小さなシェヴィは最初の冬と春を、父のそばで過ごすことになる。

一二章

エトワールを失うという衝撃的な体験を引きずったまま、時間だけが過ぎていった。生きる意味についてさんざん瞑想を重ねてきたにもかかわらず、あんなにも美しい生き物が死んでしまったという現実に、私の心は石化した。大切な友の死を、どう乗り越えろというのか？腹の底にどす黒い感情が渦巻いていた。

その後も冬場にたびたび狩猟があり、今や人間である自分も、シカたちと同じ恐怖や絶望に囚われている。一一月の半ばからずっと、林道に見慣れたワゴン車がとまる瞬間を恐れる日々が続いた。朝の、予期せぬ時間帯に、森を囲むフェンスのきしみが聞こえると、一瞬で生存本能が覚醒する。遠くから人間の叫び声や犬の吠え声が響いてくる。エトワールの死後、あのような悲劇が二度と繰り返されませんようにと祈ってきた。起きてもいない未来を恐れたところで危険が去るわけではない。それがわかっていても、強烈なストレスから逃れられず、春先になって狩猟シーズンが終わるまで緊張は続いた。

果たして禁猟期間を設けただけで野生動物を保護しているといえるだろうか？　シカと暮らしてみて、人間がいかに野生動物を誤解し、軽視しているかを痛感した。ノロジカの個体数は木々のように数値化され、増えすぎないように狩ることがよしとされてきた（一平方キロメートルあたり二〇頭を超えないように間引かなければならないそうだ）。耕作地に対する〝破壊行為〟を最小限に抑えるためにフェンスで囲われた森に閉じこめられ、さらには森を分裂する無数の道路における〝交通事故の要因〟とされてきた。シカの本質を見ようともせず、一方的にレッテルを貼るのは浅はかで、非現実的で、非人道的な行為だとさえいえる。そもそも野生動物の個体数を制御するなど不可能だ。哲学者フランシス・ベーコンが述べたとおり〝自然に従うことなくして、自然を従わせることはできない〟のである。つまり人間は、シカを今在る姿のまま受け入れなくてはいけない。ノロジカというすばらしい種の未来は、彼ら自身の手に委ねるべきだ。

シカはどんな環境にも適応する優れた動物だ。その証拠に、人間が課した制約のせいでほかの動物が個体数を減らし、ときに絶滅していくなかで、シカは人間社会の近くで繁殖し、数を増やしている。個人主義でありながら群れのようなものを形成する独特の生態。環境を利用し、効率よくテリトリーをつくって、時間的および空間的な生息地の変化に適応するしたたかさ。ユニークな繁殖形態。それらすべてがシカに並外れた環境適応力を与えている。

ところが人間の欲は留まることがない。際限なく都市化を推し進め、野生動物の個体数を自分たちに都合よく調整しようとする。人に見つかる恐怖、道路を横断する恐怖、食料や避難場所の不足による恐怖、そしてもちろん狩猟の恐怖。絶えず恐怖を生む環境のなかで、シカたちはさまざまな危険と、ひょっとしたら得られるかもしれない利益を天秤にかけながら生きることを余儀なくされている。人間社会の経済成長と人口増加、それに伴う狩猟や伐採は、シカの行動を根底から変え、恐怖の風景のなかに押しこめているのだ。

狩猟期間中、シカは強いストレスにさらされ、神経質になる。ダゲやシポワンのような経験豊かな雄は、林道沿いの人の動きから危険を察することができる。たとえば狩猟がある日はランナーもハイカーも森に入ってこないので、いつも来る人間の不在が危険の前兆になるわけだ。狩猟期間の訪れとともにシカの行動は変わる。自分のテリトリーを隅々まで調べあげ、不測の事態が起きたら避難できる藪に目星をつけておく。現代の狩猟はそうやってシカの行動をつくりかえている。

シカのように暮らす私にとって、狩猟は竜巻のようなものだ。竜巻がどこへ向かうのか、どのくらいの被害をもたらすのかを事前に知ることはできないし、効果的な予防手段もない。だから私は仲間たちに狩猟の始まりを察して、避難するためのヒントを授けることにした。最初の生徒は経験豊富で賢いシポワンだ。シポワンとは、大事なエトワールを失うなど、いくつかの悲劇を共有している。

シカには決まったリーダーがいるわけではない。冬季にグループをつくる際も特定のリーダーをつくらない。それでもメンバーの個性に応じてグループ内で大まかな役割分担がなされ、ある種の合意を得て一頭が〝先導役〟になる。先導役は生きるために必要な知識と経験を持ち、グループ内のメンバーすべてに恩恵をもたらす。先導役のシカは一般的に、仲間を守ることに関して誰よりも経験豊富だ。よい餌場も知っているのでメンバーの腹を満たすこともできる。

グループを構成するシカは、お互いに強く依存すると同時に非常に自立していて、それぞれが自分のやり方で課せられた役割を果たす。シカの生き方は人間のそれよりも本能的で、自然と直結している。シカはグループ内で情報を交換するが、個々のシカにとっての最優先事項は、みずからの心身のバランスを保ち、その日を生きのびることだ。グループ内に優劣はなく、王様も奴隷もいない。すべてのシカが個として尊重され、自分で考えて選択し、そうした個々の選択の集まりによってグループが結束する。

私がシポワン、ラフレシュ、ヴェルール（最近、顔見知りになった若い雄のシカ）と過ごしているとき、伐採用道路に四台のワゴン車が低速で入ってきた。単なる伐採作業にしては時間帯が早すぎる。狩猟が始まるのだ。その日はタイミングよく、私が先導役だった。三頭は下草のなかで休みながら反芻している。私は声がよく通り、体臭が風で薄まりにくいマツ林に三頭を誘導した。これまでの経験から、シカが人間の精神状態を察すること、とくに体臭の変化に敏感であることはわかっていた。攻撃的になったりストレスにさらされたりしたとき、人間はタマネギのような酸性の体臭を放つ。一方で幸せだったりおだやかだったりするときはおいしい焼き菓子のような、かすかに甘い芳香を放つ。人間の態度も多くの情報を運ぶ。たとえば円を描くように歩き、つま先で地面をかき、息を切らし、四方を見渡す行動が、地面に脚を組んで座り、草を摘むよりも不安や緊張を伝えるのはまちがいない。子ジカはごく初期の段階で、母ジカもしくは年長のシカから人間の発するサインを学ぶ。それを利用して、今、私の考えていることを三頭のシカに理解させようと思った。

　狩猟開始まであまり時間がない。ハンターたちは、馬で狩猟を行っていた時代の集合場所だった丘の上に、監視もつけずに車両を放置していた。彼らが一定の間隔で道路沿いに散らばるのを確認してから、シポワンをワゴン車の近くまで連れていき、火薬の匂いとそれまでの狩猟で命を落とした動物たちの〝死〟の匂いをかがせた（車のところまで行く途中でヴェルールとラフレシュの姿は見えなくなった。人間の気配に怯えて逃げたのだろう）。続いて四駆車のサイドミラーにひっかけてあるフッ素樹脂加工されたジャケットの匂いをシポワンにかがせ、それが不安と恐怖の源であることを伝える。汗腺からにじむ汗の匂いで、私の緊張が伝わるはずだ。シポワンの脳内で、そうした匂いと狩猟を結びつけたかった。次に森全体が見渡せる場所へ行き、いちばん高い場所にのぼったりおりたりしてから、幼いシカが不安から母親を呼ぶときの鳴き声をまねた。人間が高い場所から見おろしている可能性があり、それが怖いと伝えたかった。通常、シカは歩くときに下を見る。高所にいる人間の匂いは下を向いているシカの鼻先まで届かないので、狙われていることに気づかないまま撃たれてしまう。上層の空気の匂いに注意しろと教えたかった。

さらに二〇メートルほどくだった場所へ移動した。枯れたシダの茂みの向こうに、森の端に陣どったハンターたちが見える。折りたたみ式のスツールに座って、ライフルを携えている。シポワンが私に体を押しつけてきた。肩の辺りに激しい鼓動が伝わってくる。シポワンがこちらを見て鼻をひくつかせ、目の前で展開されている奇妙な出来事を不安そうに観察する。尻斑が逆立っているのは、危険を認識している証拠だ。

一五分後に狩猟が始まったとき、私たちはまだ、ライフルを持った男たちの正面にいた。丈のある植物のおかげで、ハンターたちから見られることなく観察できる。三〇メートルほど右手をイノシシがあわてた様子で走っていく。イノシシはそのまま小さな谷に沿ってくだっていった。一発目の銃声が響き、二発目が続いた。私は危険を知らせる鳴き声をまねて小さく吠えた。すぐさまキイチゴ類の茂みを抜けて安全な場所へのぼる。ハンターたちの叫

ラ・クルットへ向かうシェヴィとフジョレ｜道路の横断は常に危険が伴う。
車はもちろん、捕食者に見られたり、匂いを察知されたりする危険もある。
音と匂いは、森のおおまかな雰囲気を伝える。
ただしおだやかな雰囲気だからといって、その森に危険がないわけではない。

び声に鼓動がいっそう速まった。シポワンが私から離れる方向へ進みはじめた。銃声から遠ざかる方向だ。私はシポワンに向かって二度、吠えた。ノロジカの言葉で〝グループに留まれ〟という意味だ。シポワンは私を信頼することにしたらしく、すぐに戻ってきてくれた。いよいよサバイバルプランの神髄を伝えるときがきた。森のなかにはハンターが入れない区域がある。そこへ逃げるのだ。シポワンが素直に禁猟区域までついてきてくれたので、とてもうれしかった。禁猟区域に入ってしまえば何も恐れる必要はない。私は気分がよくなり、安心したことを態度と匂いで伝えようとした。地面に座って体の緊張を解く。私たちはしばらくそこに留まって狩猟が終わるのを待った。シポワンが私に寄せる信頼の厚さは予想以上だった。なんといっても生存本能に逆らって、こちらの提案どおりに動いてくれたのだから。心から信じてくれる友を持った自分は幸せだ。

数時間後、ハンターたちが遠くへ移動したのが音でわかった。狩猟ラッパが狩りの終わりを告げ、午後がおだやかに過ぎていった。夕方になって、私が先導役を務めた一日が終わりに近づいた。シポワンは息子と合流しなければならない。友人たちの無事を祈りながら狩りの〝サバイバー〟をさがしてまわった。二頭のノロジカが殺され、八頭のイノシシと五頭のアカシカが殺された。深い悲しみが胸を満たす。シポワンが私のレッスンを次の狩猟に活かしてくれるといいのだが。

数週間後、なんの前触れもなく狩猟が始まったとき、シポワンは私のサバイバルプランを見事に実践してみせた。ワゴン車の到来や猟犬の吠え声、火薬の匂いから森の空に暗雲をもたらす危険を察知し、驚いたことに、シェヴィ、ラフレシュ、ダゲほか数頭のシカをハンターが立ち入れない場所へ誘導したのだ。シポワンの賢さはわかっていたつもりだったが、ほかのシカに自分が学んだことを伝えることまでやってのけるとは想像もしていなかった。その日、ハンターは一頭のノロジカも仕留めることができなかった。私はその事実を誇らしく思った。

一三章

その年の冬、私は三度しか森を出なかった。もはや人間社会に求めるものがなかったからだ。それでも三度、森を出たのはマッチを調達するためだった。冬は、思い立ったらすぐ火を熾せるようにしておかないと寒さで死ぬ確率が高くなる。

そのころの私は、森に住みはじめた当初のようにたびたび缶詰などを補給しなくてもやっていけるようになっていた。薪や木の実を貯蔵する方法をマスターしたおかげで充分な備えもあったし、最初の寒波に襲われて以来、三カ月間の厳しい冬に適応するためにできるだけ体力を温存していた。あまり動かない生活をすることで食べる量も減り、加工食品の補助なしでもやっていけるようになったのだ。フロマージュ・ブランとミューズリーを食べるために五キロの道のりを歩くのは割に合わない。あたたかな場所で数時間過ごすという考えがどれほど魅力的でも、森のサバイバルに欠かせないエネルギーを大量に使うほどの価値はなかった。いよいよ寒さと湿気が絶え間なく襲ってくる季節が到来し、カメラの充電用電池が壊れて、有毒な液体がカメラ内にもれてしまった。それで写真も撮れなくなった。

長く厳しい冬だった。だからこそ、ようやく春の兆しが見えたときはうれしかった。自然が目覚める季節、森全体に誕生の喜びが浸透する。木々に樹液がめぐり、植物が芽を出し、目に見えない活力が私たちの体に入ってくる。生きとし生けるものすべてが新たなスタートを祝福していた。鳥の鳴き声も冬とはちがって聞こえる。森の音が開放的になる。その音は異なる種のあいだを行き交って、まるで森全体が〝こんにちは〟とあいさつをしているかのように響いた。私はそんな森を抜けて、ダゲがよく昼寝をしている場所へ向かった。途中、シラカバの樹液を集めてまわる。少し前に、地面から二〇センチくらいの高さに、深さ一センチ程度の小さな穴を開けておいたのだ。その穴にストローを差して、幹に縛りつけたボトルに樹液がたまるような仕掛けをつくった。大きくて元気のいい木なら、一晩で一リットルほど樹液がたまる。スーパーで売られている砂糖を大量に含んだ食べ物を摂取する習慣を失った人には、このシラカバの樹液が甘く感じられる。シラカバのジュースを一リットル飲めばその日を生き抜く活力が湧いてくるし、冬のあいだ致命的に不足していた必須ミネラルのすべてが摂取できる。マツの幹から滴る樹液をなめるのも好きだ。マツの樹液のほうが糖分があり、シラカバの樹液と混ぜると春のさわやかさを再現したような、驚くべき味わいになる。とはいえ樹液集めができる時期は限られていて、枝の先に葉がついたとたんに樹液が出なくなる。

　朝の見まわりを続けながら森の中央へ進んでいくと、ダゲを見つけた。ダゲがいかにも面目なさそうにしているのはシェヴィのせいだ。一歳になったシェヴィは初めてのテリトリーを確立しようとしているのだが、ルールをまったく理解しておらず、ダゲのテリトリーに遠慮なく侵入してくる。フジョレという雌ジカが目当てだ。フジョレはダゲの妹で、シェヴィの少しあとに生まれた。ふだんはダゲのテリトリーに隣接する母親のもとにいるフジョレだが、数週間前からダゲのテリトリーをうろつくようになった。このフジョレに恋をしたシェヴィがダゲのテリトリーに侵入してくるのだ。ダゲのテリトリーにいるあいだ、フジョレはダゲの保護下にある。そういうわけでダゲはシェヴィから妹を守ろうとするのだが、フジョレに夢中のシェヴィは追い出されても追い出されても戻ってきた。おまけにフジョレがシェヴィを兄のテリトリーに誘い入れることもある。実に複雑なシカ模様で、ふつうであればシェヴィとフジョレの恋の行方が危ぶまれるのだが、そこは心の広いダゲのこと。シェヴィをテリトリーから追い出すのが無理だと見てとると、妹の求愛者として認め、さらに競争相手から守りはじめた。

　私がこの奇妙な状況について考えていると、急にシェヴィがこちらに興味を示し、ゆっくり近づいてきて、私の周りを歩きながら匂いをかぎはじめた。私は首を曲げずにシェヴィを観察できるよう、じわじわと体の向きを変えた。それまでもシェヴィがときどきうしろを歩くのを許可してくれることはあったが、二〇メートルほどの距離を置かなければならなかった。今こそシェヴィとお近づきになるチャンスかもしれない。四五分ほどかけて匂いをかぎまわったシェヴィは、私の周りに群生しているヒースを食べはじめた。食べながら、黒く大きな輝く瞳でこちらをじっと見つめる。動体視力に関して、ノロジカは同じシカ科のアカシカに劣る。それでもわずかに突きでた目と長くて柔軟な首のおかげで、非常に広い範囲を見渡すことができる。ノロジカの目は主に桿体(かんたい)（暗いところでものを見る細胞）でできていて、そのなかに少しだけ錐体(すいたい)（明るいところで色を認識する細胞）が散らばっている。だからシェヴィは色そのものよりもグレーに近い濃淡を見分けるほうが得意だ。このような目の仕組みから、夕暮れ時のほうがよく見え、動くものにも気づきやすくなる。

一〇メートルほど離れたところを、コウライキジが優美な足どりで歩いて行った。シェヴィは見るからに驚いた様子であとずさり、私のほうへ身を寄せた。長いこと、動きもせずに私を見つめ、周囲の空気の匂いをかぎ、それから頭をさげてまた私の匂いをかぎ、自分たちが非常に接近して立っていることにようやく気づく。シェヴィは賢いので、近くに立っていても私が攻撃などしてこないことはすでに理解しているが、それでも毅然としたステップでわずかに体を離した。私が〝サボ・プランテ（植わった蹄）〟と呼ぶステップだ。これはノロジカが好奇心にかられて何かに近づいたり遠ざかったりするときに見せる動作で、そのすらりとした体躯とゆっくりした動きのせいで、もはや高貴といってもいいほどの雰囲気をかもしだす。具体的には前肢を肩まであげ、まっすぐにのばしてから、植物を植えるようにそっと地面に置く。シェヴィがこの動作をしているあいだに、私は立ちあがった。シェヴィはまた向きを変えてダゲを見た。首をふり、枝角を突きだしてダゲに戦いを挑む。まだ枝分かれしていない、ヤギのような角を生やしたシェヴィは、すでに無敵の気分なのだろう。土埃の立つ地面を前肢で掻く。ダゲも挑戦を受ける気になったらしく、シェヴィが頭をさげた瞬間に大声で吠えた。その声があまりにも大きかったのでシェヴィは飛びあがってあとずさり、二〇メートルほど逃げて震えながらふり返った。一部始終を見ていた私は声をあげて笑ってしまった。二頭が同時にこちらを見る。二頭とも、まるで校庭で遊んでいるわんぱく小僧のようだった。

シェヴィは、自分より強いダゲが挑戦を受ける必要などないことを知っていた。未熟な自分がテリトリーを勝ちとるには正攻法ではなく策略に頼るしかないこともわかっているようだが、まだ遊ぶほうが楽しい年ごろで、何かに気をとられると目の前の厳しい現実を忘れてしまう。シェヴィは無邪気にフジョレのもとへ戻った。ダゲの大声にフジョレもシェヴィと同じくらい驚いたようだった。私はダゲを残して、シェヴィたちの少しうしろをついていくことにした。シェヴィのほうへ少しずつ移動して五メートル以内を歩こうとするが、シェヴィは小さく跳ねて私から離れる。フジョレが地面に横たわり、シェヴィはテリトリーのマーングを始めた。やがてシェヴィは林道に向かった。この時間帯は馬や自転車に乗った人、ジョギングをする人が頻繁に通る。私はシェヴィのあとをついていった。シェヴィは横目で私を見たが、そのまま進んでいく。そして数分ためらったあと、林道を渡った。私もそれに倣う。反対側についたとき、シェヴィは私のしつこさに興味を引かれたようだった。少し走って、最近、伐採されたブナ林の険しい斜面をのぼり、切り倒されたばかりの木の陰で枝についている葉を食べはじめる。私も追いついて、木の反対側へまわって葉を食べた。それまでのぎこちなさが、どこか共謀者めいた雰囲気に変わる。シェヴィは私が森に住んでいることを知っている。たまに森で見かけるほかの人間とは区別がついているので、たとえばほかの人間がシェヴィに近づこうとしたら、当然のことながらすぐに逃げるはずだ。一緒に葉を食べながら、シェヴィの心の声が聞こえるような気がした。〝あなたのことをもっと知りたい。あとをついてきてもいいけど、まだ少し怖いから、ゆっくりにして〟私はメッセージを受け取り、一〇メートルあとをついていくことにした。

シェヴィはもう、私の靴が落ち葉を踏む音に驚くことはなかった。なごやかなムードで歩いていると、見慣れない雄ジカが現れた。そのシカは私が〝ボールド［訳注：縁どりの意］〟と呼んでいる丘の方角から現れた。雄ジカは離れたところから私たちを観察して、空気の匂いをかいでいる。知らない連中には近づきたくないのだろう。筋肉質で、疑い深そうなので、メフ（"疑い深い"を意味するméfiantの略）と呼ぶことにする。シェヴィはメフを観察しながら私のほうへ移動すると、自分とメフのあいだに私がいるような位置に陣どった。シェヴィの気持ちはわかるし助けてやりたいところだが、シカ同士の問題に人間が介入すると余計にややこしくなる。これはメフとシェヴィが解決すべき問題だ。ついにメフが近づいてきた。シェヴィを追い払いたいが、私の存在が気になって思い切った行動がとれないようだ。警戒しつつも、私のうしろに隠れているシェヴィを追いかけようとしている。だが最終的には心理戦に疲れたのか、その場を離れていった。

その日の午後はシェヴィと過ごした。メフとの遭遇でシェヴィとの距離がさらに縮まり、近い将来、友と呼ぶにふさわしい関係になれそうな気がした。私は生まれかけの友情について考えながら、魔法のようなひとときを満喫した。

シェヴィといるとき、私はなるべく風上に立って、シェヴィが匂いをかぎやすいようにする。そのほうがシェヴィも安心するようだからだ。ノロジカとつきあうなら、彼らが多種多様な匂いに囲まれた世界で生きていることを頭に入れておかなければならない。細かい皺の寄った鼻孔は毛がなく、湿っていて、風が運ぶあらゆる匂いをかぎわける。理論上、湿度が高いほうが匂いをかぎやすい。だから今日のようにからりとした四月の昼間、シェヴィはたびたび鼻をなめて湿らせる。ときどき鼻づらをあげて高い層の空気の匂いもかぐ。テリトリーに入ってくる人間が邪気のない人間か、それとも狡猾な人間なのかを区別する際も嗅覚が役立つ。風下にいるノロジカは、風上に人間がいれば必ず察知する。

シェヴィはテリトリーのマーキングを続けた。たびたびとまって前蹄で地面を削り、何歩か歩いて放尿し、角をワラビにすりつけ、続いてポプラの若木、最後に年季の入った低木にもこすりつける。ノロジカの体には日常生活で重要な役割を果たす多くの臭腺がある。蹄の先のあいだにも臭腺があり（趾間腺）、地面に向けて分泌液を放つ。木々が生い茂って視界が効かない場所でも、ノロジカの家族やグループはこの分泌液を頼りに互いのあとを追跡する。後肢のくるぶしには長めの毛でおおわれた小さな臭腺帯があって（中足腺）、歩くときにこの部分が下草にこすれることで分泌液がつく。

人間も含めたすべての動物は独特な匂いのカクテルで、汗をかいたときに毛穴から分泌液を出している。この匂いの指紋のおかげで、ノロジカはかつて遭遇した動物や人間を記憶し、ふたたび遭遇したときに知っている相手だと認識する。私がどうにかノロジカの世界に受け入れられたのも、匂いの指紋を覚えてもらったからだ。私の服、装備、汗、尿には固有の匂いがしみこんでいる。体臭には花粉や埃や、私が歩いたせいで折れたりつぶれたりした草木

逃げるメフ｜並外れて賢く、森の地形を知り尽くしているので、
一度ならずハンターの目をくらまして生き延びた。

の汁も混ざっていて、そうした複雑な情報をもとに、ノロジカは私の位置を知り、どちらへ向かったかを推測する。

シェヴィは額にある臭腺を使ってメフが通った道をマーキングしていった。ちなみに額の臭腺から分泌される液は、どこかリンゴのような香りがする。すべてのマーキングは己の存在を主張するためにある。シダに始まって低木や枯れ木まで、シェヴィは臭腺から分泌される物質をつけることで自分の通り道とテリトリーを示した。メフのような雄ジカや、フジョレのような雌ジカも臭腺を使って自分がそこにいたことを告げる。シェヴィは前蹄で枝角の付け根をひっかき、その蹄を勢いよく地面に押しつけて、まるで自分の作品に署名するかのようにはっきりとした印をつける。臭腺からの分泌液は、テリトリーのマーキングがもっとも盛んになる五月から九月にかけて増加する。シカのマーキングが若木の成長を妨げることはめったにないが、伐採してむきだしになった土地に保護柵を設けることなく背の高い落葉樹などを植えた場合、無事に育つという保証はない。

それから数日シェヴィと過ごして、テリトリーの植生やクーリー［訳注：周囲よりも低くなった溝のような場所、水路］の位置を学んだ。少しずつ、シェヴィはほかのシカが見せたことのない親しみのこもった態度を示すようになった。まるで昔から知り合いだったかのように。私たちはよく同じタイミングで同じことを考え、行く先々で偶然に鉢合わせることも多かった。

まるで運命がなんとしても私たちを引き合わせようとしているかのようだった。

ある日の夕暮れ、私はシェヴィとフジョレを残してシラカバの樹液を集めにいった。ところがシェヴィは私のあとをついてきて、回収が終わった木々の樹液をなめてまわるのだった。フジョレはシェヴィよりも警戒心が強いのであいさつができる距離までは寄ってこないが、恋人のそばにいたいため、離れたところから私のやっていることを熱心に観察していた。シェヴィは最愛の人に勇敢なところを見せようとでもいうように、平然と私にうしろを歩かせ、同じ木からキイチゴを食べて、私の靴に顔を寄せて匂いをかぐことさえあった。フジョレがこうした行動をどう感じているかはわからないが、私はシェヴィの反応に感心していた。これほど私に興味を示してくれたのも、これほど短期間に距離を縮めてくれたノロジカも初めてだった。

ほんの数週間で、私たちの関係は警戒から段階的な信頼へ、そして完全なる友情へと昇華した。もはや私はシェヴィの日常の一部で、一緒に遊んだり、隣を歩いたり、並んでキイチゴを食べたりするようになった。ときどき、恋人であるフジョレよりも自分のほうがシェヴィと親しく思えるときさえあるほどで、一緒にいると心が安らいだ。シェヴィといると自分もノロジカになったような錯覚を抱く。人間とシカの融合だ。シェヴィは私を批判しないし、私の気持ちを理解しているように見えることさえある。血を分けた兄弟も同然だった。シェヴィとフジョレと私は常に一緒で、信じられないくらいすばらしい、喜びと、友情と、お互いに関する発見に満ちた四月を過ごした。

一四章

私とシェヴィはますます強い絆で結ばれ、互いのことをもっと知りたいという思いから日に日に距離を縮めていった。シェヴィは私を観察し、驚異的なスピードで学習する。シェヴィが私のあらゆる動きや匂いを理解してくれるおかげで、以前よりも楽に意思疎通ができるようになった。私もシェヴィを観察することで、ダゲやシポワンからは学べなかった小さくて低い声やうなり声などの意味を知った。すばらしいのは、シェヴィが私の話や歌を真剣に聞いてくれることだ。まるでこちらが発する言葉と行動を関連づけようとしているかのようだった。林道を渡るときに私が「ここから先は気をつけないとだめだよ。人間がいるからね」と言うと、シェヴィは私の緊張した態度や匂いを自分たちの置かれた状況と結びつけ、言葉そのものはわからなくてもこちらの言いたいことを察してくれるのだった。またシェヴィのうしろでしゃがんで「大丈夫かい、シェヴィ？」と尋ねると、シェヴィは立ちどまってふり向き、かすかに首を曲げ、鼻づらをなめながらやさしく私を見つめる。その目はまるで「も

夜のシェヴィ | 夜になると感覚が研ぎ澄まされ、
匂いも、音も、触感も昼とはちがって感じられる。
とくに触感は、月明かりでも食べられる植物を判別するのに役立つ。

ちろん大丈夫だよ、そっちは?」とでも言いたげだった。

ノロジカとの生活を続けるうち、彼らがいろいろな場面で互いに意思疎通を図っていることがわかるようになった。よくよく観察すると、ノロジカのコミュニケーションは視覚よりも聴覚に頼っており、ときにひどく騒々しい。質問したり、挑発したり、相手に対する好奇心を表現するために叫ぶ。たとえば一連の吠え声と小さなジャンプは、視界に入るすべてのシカに危険を知らせている。母ジカと一緒にいる子ジカは、移動中や退屈したとき、小さな低い声をあげて母親の注意を引こうとする。怖いときは少し大きな声で叫ぶのだが、これはリズミカルな高音で、キバシリの鳴き声に似ている。その鳴き声を聞いた母ジカはたとえみずからを危険にさらしてもわが子のもとへ駆けつける。七月と八月の発情期は、雄ジカが独特のヒューヒューという音を出す。ひとりでうなったり鼻を鳴らしたりもする。発情した雌ジカの出す音はまた別で、ややかすれた、悲しそうな声だ。雄に求愛されると、雌は辺りに響き渡るような声をあげるのだが、その音を言葉で説明するのは非常に難しい。

シェヴィのおかげでノロジカの考えていることがある程度わかるようになり、じきに鳴きまねもできるようになった。正確な間隔で発せられる音から成るコードはなかなか複雑だ。たとえば友人に呼びかけるにしても、毎日同じ声の出し方ではだめだ。気温や風、雨によって音の伝わり方がちがうし、何より気圧も考慮しなければならず、人間である私にはその日の気圧を知ることからして難しかった。さらにノロジカのコミュニケーションでは誠意が重んじられる。やたらと吠えて相手の気を引こうとするのではなく、自分が何を言いたいか、何をしたいかをきちんと把握したうえで、相手に伝えたいことをまとめ、初めて声を発する。ノロジカは誤報を嫌うので、下手に鳴けば不興を買う。ただしノロジカはハッピーな状態が自然体なので、不機嫌になることもなかなかないのだが……。

私とシェヴィのコミュニケーションは飼い主とペットのそれとはちがうので、一方的に命令はしない。そもそも命令したところでシェヴィが従うとも思えない。頑固なことに関しては雄ヤギのようなシカだ。だいいちこの本のなかでは、むしろコンパニオン・アニマルと呼ばれるべきは人間である私のほうで、私が野生動物のうしろをついて歩く。それでもときどき、シカたちがもっとこちらの言うことを聞いてくれればいいのにと思うこともあった。ノロジカは冒険心が旺盛で、とりわけ新たな領域へ入ったときなどは好奇心に突き動かされるまま無謀な行動をとることがある。根っからの楽天家なのだ。たとえば私は、シェヴィが真昼間に運動用に設けられたコースや林道脇といった危険な場所に行こうとしたら制止する。ところが両手を広げて通せんぼをしてもシェヴィがあきらめないので、最終的には私が〝シカの行動を規制するなんて、自分はいったい何様のつもりか?〟と自問するはめに陥る。野生における自由とは、どんな危険に遭遇しようとも他者に命令したり、行動を無理強いしたりしないことだ。生きることそのものが危険なら、危険を避けろというのは生きるなというのも同然になる。自然界では、ただ生きるだけでも次から次へと障害が現れるのだから。

自然の障害といえば、シェヴィが想像すらしていなかったものがひとつある。それはメフだ。メフは数日前からフジョレに気のあるそぶりを見せていて、フジョレもイ、ケ、メ、ン、に求愛されてまんざらでもなさそうだった。シェヴィとメフはまったくタイプがちがう。一方は愛情深く、少し子どもっぽいところがあり、スリムで器用でやさしい。もう一方は荒々しくて、大人びていて、マッチョで、威圧的だ。メフはシェヴィを庇護しているダゲの隣にテリトリーを確立した。そうした経緯から二頭の関係はかなりこじれることが予想された。フジョレはとりあえず求愛者を交互にお試しして、どちらが自分にふさわしいかを決めることにしたようだ。ある日はシェヴィと、別の日はメフと過ごす。雄たちはこんな状況が長続きするはずがないという一点で同意していた。雌をめぐる晩春のライバル関係は日に日に緊迫の度合いを増し、結局フジョレは夏をひとりで過ごすことにした。同じころ、メフがテリトリーを放棄した。ダゲが隣のテリトリーにいるのでは気が休まらないし、シポワンのように何かというと吠えたり、うなったりする隣人もいる。一方のシェヴィはこれ幸いと、主のいなくなったメフのテリトリーを我がものにした。シェヴィのそういう要領のよさには私も舌を巻く。半分はもう一度も戦わずして二〇ヘクタールほどのテリトリーを獲得してしまったのだから。

ともとダゲのテリトリーで、もう半分はもとの所有者が放棄した。こういう結末になるのなら、たまにはシェヴィの無謀さを見習うべきなのかもしれない。

数日後、私はまたしてもシェヴィに驚かされた。そのとき私はブナ林を行くシェヴィとフジョレのうしろを歩いていた。二頭はあちらこちらで葉を食べていたが、とくにヤブイチゲを好んで選んでいた。このキンポウゲ科の植物にはシカの腸炎を予防するタンニンが含まれている。腸炎といっても人間の胃腸炎とちがって、ノロジカにしてみれば命取りの病だ。ヤブイチゲは湿気のある日陰の林床に生育するため、たとえばあるシカのテリトリーがマツ林や酸性土壌のモミ林だった場合は手に入らないこともある。腹が満たされたシェヴィとフジョレは、反芻するために静かな場所へ移動した。伐採されたばかりの丸太が積み重なっている場所に、まずフジョレが横たわった。シェヴィは周囲を見渡しても気に入る場所がなかったのか、そのまま小さな丘に向かった。私も子どものような単純さでシェヴィのあとをついていった。シェヴィから数メートル離れたところでしゃがむ。するとシェヴィがふり返って私に近づいてきた。そして私の真ん前でとまり、じろじろ眺めて匂いをかいだ。次に自分の体をなめてグルーミングし、ひそかに辺りを見まわす。そこは息をのむような山の景色が見える場所だった。数分後、シェヴィが一歩前に出て、かすかに震えながらこちらを見た。ノロジカがこういう態度をとるのを見たことがなかったので、私にはそれがどんな意味を持つのかよくわからなかった。シェヴィは頭をあげたあと、ふたたび地面に近づけて、私が発するさまざまな匂いを確かめるように鼻をひくつかせた。それからゆっくりと前に出て私の周囲を歩き、匂いをかぎつづけた。好奇心が不安を消し去ったらしい。しまいになんと、私の顔に近づいて皮膚をなめはじめたではないか。熱くてやわらかな小さな舌が熱心に私を愛撫した。シェヴィの規則的な息遣いを肌に感じて、私の心臓は早鐘を打った。ノロジカからそれほどの愛情を示されるのは初めてだった。喜び、興奮、誇らしさ……あのときの気持ちはどれほど言葉を尽くしても表現できるものではない。いく千もの感情が脊柱を震わせた。シェヴィは小さな舌で私をグルーミングし、私の匂いを覚え、味見した。それは私たちの友情を永遠にする行為だった。目の上を、耳の上を、鼻の上をシェヴィの舌がなぞり、唇は持ちあげるようにしてなめる。それから私の帽子を無遠慮に地面に落として髪の匂いをかぎ、毛先を少しもてあそんでから、セーターの襟の下に頭を入れて首の匂いをかいだ。それでグルーミングは完了だ。しばらく私が胸をなでてやると、シェヴィは私を見ていかにも満足した様子で、私の足元に横たわった。しゃがんでいた私は、脚がしびれないようにあぐらをかいた。私たちのあいだに唯一無二の関係が築かれようとしていた。シェヴィの目の輝きは、私に対する信頼と尊敬と思いやりを示している。どれもノロジカと人間の友情には欠かせない要素だった。

一五章

よく晴れた初夏の午後、私とシェヴィはブナ林を散歩していた。一本の大きなシラカバがしなやかに枝を広げている。シェヴィが去年の冬の嵐で倒れた太い木の根元側に座る。私たちはしばらく見つめ合った。シェヴィがどうしてほかのノロジカではなく私のそばにいてくれるのかが、心底、不思議だった。シェヴィと一緒にいると、私の胸は喜びに満たされる。貴重な経験に魅了されるだけでなく、毎日、知らなかった自分を発見する。生き物としての強さや弱さ、また人生に求めるものについて、いつの間にかそれまでとはちがう見方ができるようになった。私がシェヴィのことをもっと知りたいと思うように、シェヴィも私のことを知りたいと思ってくれているのだろうか？

南風が木々の梢をそっと揺らし、緑を帯びた影がシェヴィの顔の上でちらちらと踊る。私はシダのベッドに横たわり、エメラルド色に透ける葉を見あげた。私たちは木漏れ日のなかでかなり長いあいだ、この魔法のような、すばらしいひとときを味わっていた。自我が溶け、野生で生きる厳しささえも忘れてしまいそうだ。そのとき私を満たしていた喜びとおだやかさは、どんなものにも代えられない。

時の流れに身を任せるうちに午後が過ぎ、気づけば夕暮れ時だった。贅沢な休息の余韻にぼうっとしながら起きあがり、自分たちを取り囲む世界の完璧さに軽いめまいを覚える。私たちは立ちあがって、樹高のある雑木林を歩いた。新鮮な空気をたっぷり含んだシダを払うと、昼のあいだ森に蓄積された熱が地表からたちのぼってくる。涼しい風と生ぬるくて湿気を帯びた夜気、やわらかな草の甘い香りに、夢のなかにいるような心地がした。昼と呼べばいいのか夜と呼べばいいのかわからない時間帯、アオガラもコマドリもズアオアトリも、ほかのすべての鳥も、しだいにさえずるのをやめ、夜の深い静けさに場所を譲る。周囲に満ちる、よい香りのするひんやりした影に、あらゆる音が吸いこまれていく。森全体が目を覚ましているのに、澄んだ夜の気配を邪魔する音はひとつもなかった。闇がしだいに濃さを増すなか、私たちは森のさまざまな層を抜けて進んだ。ギャップの上を、餌になる虫をさがすヨーロッパヨタカが神経質に飛びまわり、荒野の単調な眺めに、あの特徴的な、喉を鳴らす猫のような声がアクセントをつける。

さらに歩いてナラ林のまんなかで足をとめた。雄のモリフクロウがよく通る声で鳴いている。これに雌のフクロウが加わって、デュエットが始まった。離れたところにいる別のカップルも鳴きはじめる。完全に日が落ちると、メンフクロウは恐るべきハンターとなって小型の齧歯類を恐怖に陥れる。そのうちの一羽が静かな羽ばたきとともに私の頭上をすっと通過していった。白っぽい満月の光に照らされた林床に落ちる私の影は亡霊のように儚い。森が昼とはまったくちがう表情を見せる。私は妙に高揚した気分で、木々の聖堂を一歩、一歩進んでいった。足の下で木の根がのたうっている気がした。西風(ゼファ)が林冠を揺らし、太い幹が波に打たれた策具のようにきしんだ音をたてる。木々が話をしているのだ、と思った。私のことを話しているのだろうか？　この魔法と神秘に満ちた宇宙では、あらゆるものが空想をかきたてる。

シェヴィの連続した小さな鳴き声が、私を現実に引き戻した。のろのろしていたら目的地に到着できないと文句を言っているようだ。私が返事をしないでいると、こちらへ寄ってきて頭をさげ、靴の匂いをかぐように首をのばした。それから音をたてて息を吐き、数メートル小走りで進む。私も気を取り直して歩みを速めた。

あとで短い休憩をとったとき、私はシェヴィの近くでまどろんだ。気づくと世界最小の哺乳類のひとつといわれるトガリネズミがズボンのすそに潜りこみ、私の体で暖をとっていた。知らないうちに小型哺乳類のゲストハウスにされていたのだ。トガリネズミのモーニングコールには二通りのパターンがあって、通常はキーキー声とともに大慌てで逃げていくだけ

お隣さん｜フイユとミミンヌはしょっちゅう顔を合わせるアナグマだ。
2頭にとって私は森の仲間で、警戒しなくていい相手だった。

だが、まれに感謝の印なのか、脚をひとかみしていく迷惑な客もいる。

ふたたび歩きだして、細い高台へ続く小道をのぼった。高台にはモミの木が生えていて、ぽっかりとギャップがある。そこから見あげる澄んだ星空は、まるでこげ茶の額縁に入った絵画のように美しかった。シェヴィがかすかに頭をあげたそのとき、私たちの頭上を流れ星が横切った。私は願った。私とシェヴィが一生の友となり、何があっても離れ離れになりませんようにと。

〝ずっとシェヴィのそばにいて、力のかぎり守るのだ。ふたり一緒なら最高の時間を過ごせるし、その時間は誰にも、何にも奪うことはできない〟

夜明けが近づいて、淡いオレンジ色の光がしっとりと冷えた森の輪郭を浮かびあがらせる。私たちはチョークが露出した斜面に出た。隣の丘の上に、太陽がはにかんだ顔をのぞかせる。セーヌ川とウール川の霧が混じり合って蒸発し、隠れていた湖や池がその日最初の光を浴びる。遠くでオンドリが美しい一日の始まりを告げ、斜面の下にある村の教会が朝の鐘を響かせる。ギンギツネが充実した狩りを終えてねぐらに戻ってくる。最後のイノシシが朝露に塗れた牧場や草地を横切り、人間が目を覚ます前に森の奥の安全なくぼみへ帰っていく。

季節は夏。今日も長い昼が始まる……。

一六章

実家の雰囲気が急に険悪になった。もはや両親が私を歓迎していないのは明らかだ。誰の邪魔にもなりたくないので、本当に必要なとき以外は帰らないようにした。やむをえず行くときも深夜にして、滞在時間を最小限に抑えた。さっと体を洗い、ボウル一杯分のフロマージュ・ブランをむさぼり、マッチが見つかれば失敬して、痕跡を残さないように退散する。そんな短い滞在でも、実家を構成するあらゆる要素が神経にさわった。雑多な匂いに鼻が曲がりそうになるし、いくつもある電化製品の作動音も気になる。蛍光灯の光さえ明るすぎて耐え難い。もはや人間社会に戻ることなどできそうもなかった。森にいるほうがずっと安らいだ気持ちになる。

ダゲ、シポワン、シェヴィをはじめとするノロジカのおかげで、寝袋も屋根も壁も暖房もなしで屋外で寝られるようになった。短いサイクルで食べ、眠る生活習慣にも慣れた。おかげでさほど身体的苦痛を感じず暮らしていける（というか生存できる）。一カ所に数時間しか留まらない生活スタイルなので、行く先々で避難所をつくったり、火を熾したりするのは非効率だ。もちろん大きな嵐のときは木切れをひもで結わえて風よけをつくったり、簡易的な避難所をつくったりしたが、そういう作業には膨大な時間とエネルギーが必要なので、全身ずぶ濡れになって、重ね着している服をどうしても乾かしたいとか、耐えられないほど気温が下がった場合に限った。冒険もこの段階にくると、人間社会で私の安否を気にかける人など、文字どおりひとりもいなかった。私のほうも構われたくなかったので、なるべく人の目につかないようにした。森を歩きまわるときは獣道をたどり、昼間に林道を渡るときはノロジカと同じくらい用心深くなった。めったに見かけないとはいえ、森林管理局の職員に見つかったら最悪だ。私のモットーは〝幸せに暮らしたいなら身を潜めていろ〟だった。

人間は屋根がなければ生きられないというわけでもない。適切な装備を持ち、効率よく行動するなら身ひとつでも問題ない。そういう生き方をするコツは、余計なエネルギーを使わず、心拍と呼吸をおだやかに保つことだ。冬のもっとも寒い時期は発汗が命取りになるので、なるべく汗をかかないようにしなければならない。秋空に旅（voyage）の象徴であるVの字を描いて飛んでいくガンを見ると、人は遠くの見知らぬ土地に思いを馳せるが、人間に渡り鳥のような選択肢はない。オオヤマネやマーモットやハリネズミのように、冬になって外を吹雪が吹き荒れるときは冬眠することもできない。人間である私は、手に入るものでやりく

霧のなかのファーン｜霧は大いなる味方だ。
湿度が高いと細かな水滴が香りを遠くまで運ぶ。
ノロジカは人間の接近を目で見る前に、匂いで察知する。

りし、寒い季節が終わるまでひたすら耐えるしかないのだ。その際に解決すべき課題がふたつあった。体温を保つことと充分に食べることだ。昼だろうと夜だろうと、とくに冬場はまとまった睡眠が死に直結する。心拍数は横たわった瞬間から低下するし、三〇分以内に寒さが肉体をむしばみはじめる。数時間以内には手足が冷たくなり、しびれが生じて、そのまま行けばまちがいなく低体温症になる。体を濡らさないことも大事で、私もノロジカと同じように足で落ち葉などをよけてから（前述したように）地面に直に尻をつけないように気をつけて座るようにした。むきだしの地面は冷たいが、腐りかけの落ち葉よりはあたたかく、乾いている。土の上にモミなど針葉樹の枝を敷いて冷気を遮断すると同時に自身の反射熱を利用するのも有効な手段だ。セーターを重ね着すれば、気温にもよるが数時間は寒さに邪魔されず眠ることができる。ただし極端に寒いときは眠りが切れ切れになるし、夜はとても寝られたものではない。私は気温がもっとも高くなる午前中の終わりに少しだけ眠るようにした。目が覚めるとだいたい頭がぼんやりしてしびれるような感覚があった。それでも眠れただけでありがたい。寒すぎてまんじりともできない日もあるからだ。そういうときは小枝を束ねたものの上にあぐらをかき、ほんの数分間うとうとして、すぐに活動を再開するのだった。

食べることに関しても睡眠と同じルールを採用した。森に食料貯蔵庫はない。季節ごとの食料事情に合わせてシカと一緒に食べ物を求めて移動するのが効率的だ。森に拠点を設けても意味がないのはそういうわけで、そもそも私は移動がおっくうではなかったし、ノマド暮らしのおかげで森の地形に習熟していた。冬が長引いていよいよ食料が手に入らなくなると、シカは森を出て、畑の作物を食べる。お目当ては冬穀物（小麦、ライ麦、大麦など）やセイヨウアブラナやジャガイモ、それと畑周囲の雑草だ。冬になると多くの農家が畑に農薬を散布するので、ノロジカにとっても作物を食べるのは生きるための最終手段だった。

シポワンやヴェルールのように年を重ねた雄にとって、果樹やナラやクリの木が生える古い森は天からの賜物だ。春になって植物が芽吹き、森の食べ物が豊富になると、雄ジカは森へ帰り、去年のテリトリーを再確保しようと試みる。雌ジカはそれからさらに数週間、子ジカとともに草地で過ごす。そこが安心できる場所で、頻繁に人間がやってこないなら、夏のあいだ草地に留まることもある。パートナーのいない雌ジカは草地をあとにしてテリトリーを持つ雄をさがし、みずから選んだ交尾の場所へ誘う。強調しておきたいのだが、ノロジカは農作物にほとんど害を及ぼさない（被害全体の五パーセント以下）。ところが農業用機械はノロジカの個体数に大きな影響を与え、とくに子ジカの被害は甚大だ。若いシカにとってアルファルファや牧草が生える土地は非常に魅力的な休憩場所になる。休憩中のシカが農業用機械と衝突する事故はあとを絶たず、その年の子ジカの約半数が負傷したり死亡したりすることさえある。

ノロジカはテリトリーに執着する生き物だ。人間に気づかれないように行動するだけの知恵があるだけでなく、信じられないほど記憶力がいい。そうした能力がもっとも発揮されるのは、シカがテリトリー内にいるときだ。運動感覚（自分の体と周囲との関係を認知する能力）も優れていて、生息地の環境を熟知している。だから障害物を気にすることなく飛ぶような速さで走れるのだ。走るときに地面を見る必要すらなく、無意識に障害物をよけられる。これは筋肉の記憶によるもので、たとえば私たちが暗い部屋で電灯のスイッチをさがしあてたり、トイレに行くときにベッドの脚にぶつからずにすんだりするのと同じ仕組みだ。ノロジカは人間以上に筋肉の記憶を活用していて、とくに捕食者に追いかけられたときにはそれが強力な武器となる。雄は鏡に映る自分の角に見とれたりしないので、その角度や形や長さについても感覚的に覚えておかなければいけない。袋角の時期を過ぎたら、角に触感はないからだ。

シェヴィたちを観察していて、ノロジカが食料の豊富な場所を覚えていることがわかった。よく葉が茂り、果実が実る木の位置などを正確に記憶して、去年の同じ時期の経験に基づいて行動している。六年以上前の経験を覚えているシカもいるほどだ。しかしテリトリー内で定期的な伐採があると、シカの記憶は混乱する。また春の終わりと秋の始まりに夏時間と冬時間の切り替えが行われたときも、数日から数週間にわたってノロジカの行動が乱れる。読者のみなさんはすでにご存じのとおり、シカは薄暮に活発に行動するのだが、たとえばあるノロジカに、交通量の少なくなる一九時半に林道を横断する習慣があったとして、夏時間になって同じ時間帯が人間にとっては一八時半になり、なかなか交通量が減らないと、ノロジカは混乱する。夏時間の制度はノロジカと車の事故を増加させる。すぐにスケジュールを切り替えられるシカもいるが、なかなか適応できないシカもいる。シカ以外にも臨機に行動を修正できない野生動物は多いため、人間にとってはささいな習慣が原因で、毎年、あまりにも多くの命が路上で失われることになる。

一七章

春が来た。南西からあたたかく湿り気のある風が吹いて、ヤブイチゲやキクザキリュウキンカをはじめ、林床に咲く花々の繊細な香りを運んでくる。長く厳しい冬は終わったのだと語りかけるように、あたたかな日ざしが頬をなでる。木々の上を鳥たちがにぎやかに飛びまわる。春は恋の季節だ。鳥のさえずりが林冠で重なり合って壮大なシンフォニーを、喜びの旋律を奏でる。

鳥たちのはるか下、一頭のシカがあちらこちらで季節のおやつを味わいながらテリトリーのマーキングをしている。クラージュはシェヴィの母親ちがいの弟で、とても若い。シポワンとその新たなパートナーであるロゼの子だ。やさしい性格のクラージュは、冬のあいだに仲良くなったシカたちとの絆を大事にしていた。クラージュの姉にあたるリラは、母親から譲られた隣の行動圏にいるおかげで、しつこい求婚者たちにつきまとわれなくてすんでいた。毎日、クラージュはテリトリーをマーキングし、周囲をうろつくほかの雄が入ってこないよう牽制するのに忙しい。そうして数週間後、クラージュはどうにか五ヘクタール強の小さなテリトリーを獲得した。若い雄にしてはまずまずの成果だ。

ある朝、遠くから森の平和を破る騒音が響いてきた。クラージュと私は、聞き慣れない音の出所を確かめようと歩きだした。私たちがいる辺りは四〇年前に植林されたヨーロッパアカマツの林で、アカマツのなかにシデ、ブナ、ナラ、カバの古木が生き残っている。そんな森に巨大マシンが現れた。車輪が八つに機械式アームもついたトラクターのようなマシンだ。アームの先にはチェーンソーや巨大なはさみがついている。このマシンは大きな木をつかみ、根元から切断して軽々と持ちあげ、枝を払い、先端を切り落として丸太にする。一本終わったら次の木に同じ作業を繰り返し、あっという間に丸太の山をつくる。破壊行為に伴うすさまじい騒音は木々の悲鳴のようだった。化け物の出現に驚いたクラージュは吠えながら逃げ、それから三日のあいだ、テリトリーのマーキングさえしなかった。化け物が作業を終えるまでに三日かかったのだ。

森に静けさが戻ったあと、私たちは伐採現場に戻って変化を確認した。重機があらゆるものをめちゃくちゃにしていた。平和で安全だった森の一角が――食べ物が豊富で、リスがまどろみ、鳥たちが巣をかけていた場所が、荒涼とした更地になっていた。生物多様性のためか、幹の腐った木が一本だけ被害を免れている。モーリス・バレスは『フランス教会の大いなる憐れみ（La Grande pitié des églises de France）』のなかで次のように書いている。

われわれの存在の深みで生まれるこの苦悩を、この抗議を、あなたは知っているか？　春が汚されるたび、風景が台無しにされ、森が伐採され、あるいは一本の立派な木が代替もないまま倒されるたび、われわれがどんな気持ちになるか……。それは単なる物質的損失が引き起こす後悔とはまるで異なる。人が生を全うするためには、草木、自由なもの、生き物、幸せな動物、自然のままの泉、水道管が通っていない川、鉄線で囲われていない森、時間を超越した空間が絶対的に必要だ。われわれが森や泉や広大な地平線を愛するのは、それらが恩恵をもたらすからだけではなく、言葉にできない、いくつもの神秘的な理由があるからだ。プロヴァンス地方の丘をおおうマツ林を燃やすのは、教会を爆破するのに等しい。アルプス山脈のガレ場［訳注：岩が積み重なった場所］や、ピレネー山脈のむきだしの山肌、シャンパーニュ地方に広がる砂漠、中央高地の石灰岩台地、荒野、乾燥した低木地帯は、鐘楼が崩れ落ちた村の広場に等しい。

クラージュは見たことがないほど神経質になっていた。無残に変わり果てたテリトリーを右から左へ、左から右へ見まわし、焦げた油の匂いに鼻をひくつかせる。クラージュは一歩を踏みだし、長いことためらったのち、絶望のなかで首を垂れた。テリトリーを失ったということは、安心して休める場所がなくなったということだ。食べ物をさがすのが難しくなり、今年の繁殖期にパートナーを見つける望みが絶たれたことを意味する。クラージュはこの先、危険を覚悟でほかの雄のテリトリーをさまようしかない。テリトリーのない雄を、安心して休める場所を与えてくれない雄を、相手にする雌はいない。

その夏、クラージュは新たなテリトリーを開拓することもできず、ほかの雄のテリトリーから追われることを繰り返しながら、五平方メートルにも満たない茂みのなかで過ごした。質も量も足りない食事で肉体的にも精神的にもぼろぼろになった。みじめな状況に置かれたクラージュには死の危険が迫っていた。痩せて、毛が抜け、寄生虫に侵され、このままひどい病気になるのではないかと見ていて心配になった。クラージュは鳴き、うめきながら秋を待った。寒くなればまたシカ同士の絆が生まれるからだ。森に住んだ七年間で、あれほど哀れなノロジカはほかに見たことがない。

森林管理局が森やそこに棲む生物を無視している事実を、私は深く憂慮している。森は第一に、動植物コミュニティの母体となる樹木のコミュニティである。樹木のバランスが崩れれば、すべてのコミュニティが弱体化する。森は生命全体の鏡であり、複雑で、神秘に満ち、常に変化している。森はそこに棲む命に資源を与え、雨風から守ってやり、快適さや美しさを与え、そして何より、森自体が独自の生態系を形成している。私がノロジカをはじめとする野生動物とともに森で生きられたのは、科学的な知識があったからでなく、自然のもっとも偉大な働き――つまり森について理解することによって野生動物の秘密に迫ったからだ。たとえば言語を習得するとき、単語をひとつずつ母国語に訳していてはいつまで経っても流暢にしゃべれるようになれない。外国語をマスターしたいなら母国語と切り離して考え、慣用句の微妙なニュアンスやその言語を話す人々の生活文化を丸ごと受け入れなくてはいけない。幸い私は、自然を人間文化と切り離してありのままに受け入れた。だから野生動物と生きることができた。

現代の森林管理は自然に寄り添っていない。畑にエンドウ豆の苗を植えるがごとく森に植樹して人工的な森をつくる行為は、もともとそこに生息していた動物や植物に壊滅的な影響を与える。渓谷や明るい雑木林やギャップといった、人間からすると利用価値のない土地は、森の生き物にとって地形の多様性を保証するものだ。重機を使って一斉に伐採し、数十万ヘクタールという広さに単一の木を直線的に植えれば、森におけるシカの食料事情が悪化し、結果として、森周辺の耕作地や果樹や植樹されたばかりの若木の被害を増加させる。

今この瞬間も、シカが大挙して森から流出している。一九九〇年代に伐採が機械化されるまで、ボース地方［訳注：フランス中部の穀倉地帯］の平原にノロジカなどほとんどいなかった。ところが今はノロジカたちが五頭から一〇頭のグループをつくって日中は雑木林に身を潜め、夕暮れを待って餌をさがしに平原に出てくる。シャラント＝マリティーム県［訳注：フランス西海岸］のブドウ園でも、かつてはシカにブドウの葉を食べられることなどなかった。果樹園や庭園でシカを見かけることもまれだった。ところが現代の森はシカが必要とする質が高くて種類も量も豊富な草木を提供できないうえに、避難所としても以前ほど機能しなくなった。ノロジカは森と草地の際の林床でくつろぐのが好きだが、都市化を進める人間が渓谷を開拓し、森の環境を自分たちの都合のよいようにつくりかえた結果、シカの居場所がなくなってしまった。みなさんもお住まいの地域に自然林があれば、伐採によって人工的なギャップができていないか確かめてみてほしい。

シカの数を人為的にコントロールしようとしても意味がない。それでなくてもキツネやノスリといった捕食者が子ジカを狙っている。ある地域ではオオヤマネコやオオカミが同じ役を果たすし、迷い犬にやられるシカはおそらくあなたが想像するよりもずっと多い。もちろん病死もある。いずれにしても出生数と死亡数は自然とバランスがとれるもので、ある場所におけるノロジカの数はおおむね一定に保たれる。人間にできることがあるとすれば、一定環境におけるシカの密度が超過しないように観察することと、縄張り意識の強い成獣を保護することが挙げられる。そうすれば一時的に個体数が増えたとしても、種の自己規制の法則がゆるやかに働いて、数世代かけて個体数はもとに戻る。シカに自滅願望はないし、自然の供給能力を超えて食べつづけることなど、どんな野生動物にもできはしない。

特定の地域にシカを集中させないためには、森全体に茂みを配置して、野生動物が安心して食べられるようにすることが大事だ。植生を豊かにするには単一植樹を避け、落葉樹の多い、明るい森をつくる必要がある。キイチゴ類の近くにギャップをつくり、シカが好む草花を生やし、スピノサスモモやサンザシやブルーベリーといった実のなる木を植える。シカがそうしたギャップにアクセスしやすければ、林道における交通事故も減る。

森を形成する各層に固有の生き物がいる。平野にいるのは野ウサギ、ヤマウズラ、ハタネズミ、ノスリ、チョウゲンボウだ。ウサギ、キツネ、アナグマは入り組んだ地形を好む。森の縁が大好きなのはシカ、イタチ、テン、キツネ、アナグマだ。うっそうとした森の奥へ入るとイノシシなどの大型動物を多く見かける。森の木々は地球に棲む動物をつないでいる。だから森林管理は自然のサイクルに敬意を払い、森の生態系を豊かにする目的を持って伐採および植樹をしなければならない。そうすれば人間が利用する木々に対する被害も減る。自然は貨幣換算できない。自然は人間も含めたすべての生き物の共有資産なのだ。

ある文明が森の最初の巨木を倒して発展したとすれば、斧がその役目を終えて最後の木が倒れたとき、その文明も地上から消える。
それを胸に刻んでほしい。

一八章

あるおだやかな晩のこと、私は実家へ行くことにした。どうしても熱いシャワーを浴びたくなったからだ。星のない夜だった。弱い風がヨーロッパアカマツの梢を揺らし、すがすがしい香りを運んでくる。谷間にある森林管理局の建物に向かって小道をくだり、キツネやアナグマが巣をつくっている盛り土を渡った。第二次世界大戦のときにできた巨大な砲弾痕の斜面を、年配のノロジカ、ヴァルーとそのパートナーのノエルがすべりおりて遊んでいるのを見かけた。このペアは敷設されたばかりの送電線沿いがテリトリーだ。幅一〇〇メートル、長さ数キロもある巨大なギャップがふたりのテリトリーを縦断している。数百ヘクタールのブナ林が消滅し、池が枯れた。そこがかつて森だったとは信じられないほどだ。

そのまま歩いていって下草に入った。下草の向こうに舗装された細い林道が通っている。野生動物が森から出ないように設置された家畜脱走防止溝［訳注：格子状の蓋がついた溝のこと。動物が格子の隙間から見える空間を恐れる性質を利用した構築物］を渡る。これは森全体に設けられた囲い込みシステムの一部で、このシステムのせいでシカは秋になっても牧草地で草を食べることができなくなった。

森から出るのは久しぶりだ。私の五感は森の音や匂いにすっかり順応している。森の際に到着すると風が変わり、匂いも変わった。森で感じるよりも強い風が、重ね着したセーターのあいだをすり抜けていく。私は身震いした。なんとなく不吉な予感がする。森が自分を呼び戻そうとしているのを感じながら、草地を歩いた。まるでもう会えない友を駅に残して、走りだす電車に乗ったような気分だった。

古い街灯に照らされた歩道を進む。家の門には二重に鍵がかかっていたのでよじ登って敷地に入った。玄関に立ち、鍵を取り出す。ところが鍵は途中でつかえて、鍵穴の奥まで入らなかった。当惑しながらガレージへまわると、そちらのドアは開いたのでどうにか室内に入ることができた。まず冷蔵庫へ行く。なかは空っぽだ。食器棚にも何も入っていない。鍵がかかっている棚もあった。親が食料を隠したのだ。

目に涙をためて家を出た。もう二度と、ここに戻ってくることはないだろう。気づくと走りだしていた。一心に森を目指す。本当の家族である仲間のもとへ、ノロジカたちのもとへ、少しでも早く帰りたかった。

森へ入ってすぐにシェヴィをさがした。ところが大事な友は見つからない。午前中いっぱいさがしつづけたが、成果はなかった。時間が経つにつれて落ち込みがひどくなる。この胸の痛みを、どうしてもシェヴィに打ち明けたかった。シェヴィがよくいる辺りを行ったり来たりして、ギャップで少し休憩をとった。最後に食事をしてからどのくらい経っただろう。じっとしていても何も起きなかった。

昼過ぎ、身も心もぼろぼろで、森の別の区域にある、シェヴィと行ったことのある場所へ向かった。見慣れたシルエットに気づいたのはそのときだ。シェヴィはすくっと立って、こちらを見ていた。私は夢中で駆け寄って、シェヴィに抱きついた。シェヴィの首に腕をまわし、肩に顔をうずめて泣きじゃくった。シェヴィはしばらくじっと立っていた。頬の下からシェヴィの鼓動が伝わってくる。肩に鼻づらがのっていた。自分以外の命のぬくもりが、傷ついた心を癒やしてくれた。シェヴィは寒いときのように毛を逆立て、私の顔をなめはじめた。シェヴィに会えて本当にうれしかったし、こんなにすばらしい友のいる自分は幸運だと思った。シェヴィは私の気持ちをたしかに受けとめてくれた。

ノロジカは人の感情を理解するだけでなく、その人の善悪、つまり動物の命を尊重する人と危害を加えようとする人を見分けることもできる。そんなノロジカを躊躇なく殺し、生息環境を破壊し、森を軽視する人間という種に、私は激しい嫌悪を抱いている。同種だからこそ傷つくのだ。親との絆が完全に切れた夜、私は決意した。ほんのわずかでも人間社会に頼るのはやめよう。非人道的な文明に背を向けて、森だけで生活しようと。シェヴィは私が知るかぎりでもっとも知的なノロジカだ。ありのままの私を受け入れる度量があり、他者の苦しみに敏感で、必要なときはいつも助けてくれる。シェヴィの態度はよい意味で〝人道的〟だった。私にとってシェヴィは単なる友人の域を超え、もはや兄弟と呼べる相手、心から尊敬できる相手だった。

一九章

時は過ぎ、シェヴィの頭には見事な枝角が生えた。ぐんぐんのびる時期は先端がかゆいらしく、体をなでてもらおうと私のところにやってきたついでに、腕や脚やリュックサックに角をこすりつけていくこともあった。フジョレの被毛にも角をすりつけるのだが、はずみで角が顔にぶつかることがあって、フジョレがいやがってあとずさりする。それでもフジョレはやさしいので、最終的にはシェヴィの好きにさせてやるのだった。

シカの角はウシの角とはぜんぜんちがう。ウシの角は内部に頭骨の突起があり、その外側を鞘(さや)がおおっている。鞘は内側から常に新しいものが追加され、突きあげるようにのびる。一方、ノロジカの角は、生えはじめは〝袋角〟という一種の皮膚におおわれている。袋角には多くの血管が通っていて、骨の成長に必要な栄養を運ぶ。成長過程の枝角はとても敏感で、のびるにしたがって感覚は鈍るものの、完全に無感覚になるのは角の成長が終わったときだ。雄の頭部には生後六カ月までに角座(かくざ)が形成され、そこから赤黒い角(袋角)が生えてくる。

シェヴィ｜私は、なんらかの形で絆ができた動物だけを撮影する。
いちばん撮りたいのは、動物たちが私に向ける友情のまなざしだからだ。

袋角は翌年には最初の枝角になり、四月までに成長をとめる。

枝角の成長を促すのはテストステロンで、テストステロンの分泌は日照時間に制御される。雄の袋角はテストステロンの分泌が少ない冬に形成され、四月になってテストステロンが盛んに分泌されるようになると成長をとめる。その後、角は硬化して、外側をおおう皮が委縮する。するとノロジカは木に角をすりつけて皮をはぎとる。

皮の下から現れたばかりの枝角は白いが、角を木の幹に頭をすりつけることで、浸みでた樹液の色に染まる。ブナの木にすりつければ明るい色合いになり、マツの木にすりつければ黒に近い色になる。枝角の表面はでこぼこしていて、幹にすりつけるときにおろし金と似た働きをするが、この凹凸は短期間で消える。

言うまでもなく、林業に携わる人々はそうした雄ジカの行為を不快に思っている。シカが角をおおう皮をとろうとして幹に角をすりつけるせいで大事な売り物に傷がつくからだ。ただし被害は極めて限定的で、一年もすれば問題のない品質に回復する。五月にはすべての雄ジカの角の皮がとれるが、年配の雄の場合は三月にとれることもある。地面に落ちた皮はたちまち白くなり、齧歯類のカルシウム源となる。

シェヴィはほかの雄に遭遇すると枝角を誇示し、頭を上下し、ときには真っ向から自分の優位を示そうとする。シカが捕食者に挑みかかることはめったにないので、枝角は護身用の武器とはいえない。シカは戦うよりも逃げるほうが得意なのだ。ノロジカが時速七〇キロ近い速さで走れるのに対して、捕食者はせいぜい時速二〇キロだ。よって枝角は武器というよりも春を迎えたノロジカの頭を飾る美しい装飾品で、ライバルを退けて愛らしい雌を誘惑する道具のひとつだ。

皮がはがれた枝角はもう成長しない。そして秋になると角座と角のあいだに離層が形成されて、シカが走ったり木に頭をこすりつけたりしたときなどに角が自然に落ちる。年齢と枝角の長さにはなんの関係もなく、むしろ角の大きさは栄養状態に影響される。たとえばシポワンはとても広いテリトリーを有し、栄養価のある多様な食べ物にアクセスできる。だからシポワンの枝角は立派なのだ。

シェヴィはテリトリーのマーキングを続けながら、角をこすりつけるにちょうどいい場所をさがした。途中でショコットに遭遇する。ショコットの角はまだ皮をかぶっているが、成育過程で問題が起きたのがひと目でわかる。枝角は成長がとまってから硬化するので、袋角の時期は体のほかの部位のように傷ついたり折れたりする。ショコットは今年、枝角が硬化する前にキイチゴの茂みで損傷した。傷ついた枝角は今や不細工な皮膚でおおわれ、それがショコットの毎日をやや複雑にしている。幸い、奇形した角は秋になれば落ち、翌年は傷のない角が生えてくる。しかし枝角の成長は微妙なホルモンバランスによって制御されており、病気や銃創、摩耗などが原因で根本的に損なわれることもある。枝角に異常があるとテリトリーの確保はもちろん、そのシカの社交生活全般が危うくなる。

二〇章

夏の盛り、偶然にもシダの道で体を横たえているフジョレに会った。ひどく暑い日だったが、フジョレは地中海で肌を焼く若手女優のようにリラックスして見えた。しばらく日ざしを楽しんだフジョレは起きあがり、まっすぐシェヴィのテリトリーへ向かった。私も小走りであとを追う。フジョレはキイチゴの茂みを抜け、地表近くから頭上まで、さまざまな空気の層の匂いをかぎながらシェヴィの痕跡をたどった。ところがシェヴィを見つけたとたんに雰囲気を一変させる。急に歩調をゆるめ、胸をそらせて毅然とした態度をとる。

フジョレに気づいたシェヴィが、彼女に愛情のこもったまなざしを向けた。しかしシェヴィが近づいてきてもフジョレは無関心を装って、シェヴィが体をふれあわそうとするのをするりとかわす。シェヴィがフジョレのうしろにまわって盛んに尻の匂いをかぐ。フジョレはぶるっと震え、小さくジャンプして頭をふり、シェヴィをふり返ってから数メートル駆けた。シェヴィがあとを追う。フジョレは急停止した。全力で追いかけていたシェヴィがフジョレに衝突しないように背をそらせてとまり、前肢を背中にかけようとする。フジョレがまた小走りで逃げる。この動作を繰り返すことでお互いに高揚するようだった。

発情したフジョレは特有の鳴き声を発し、雄を興奮させる分泌液を出してシェヴィを誘惑する。逃げる動作をするのは雄の体力を確認し、強い遺伝子を持った子を産むための本能的な行動だ。ノロジカは一夫多妻だが、なかには慣習を破るカップルもいて、シェヴィとフジョレはシポワンとエトワールのように、一夫一妻とまではいかないまでもテリトリー内でお互いに特権を与えていた。フジョレはほかの雄の求愛を拒むし、シェヴィ以外の雄のテリトリーをぶらつくこともしなかった。

シェヴィとフジョレのちょっとした愛のゲームは長くて情熱的な求愛に始まり、最終的には木や、切り株や、岩の周りをぐるぐるとまわる。そうやってシカが走った地面は踏み固められ、〝魔女の輪〟と呼ばれる跡ができる。哀れなシェヴィは走りながらうなり、ときには吠えて、求愛ダンスに惹かれてやってきたライバルたちを威嚇した。仲間に入れてもらおうだなんて想像するのもいけないとばかりに。

交尾の場所を決め、最終的に雄を受け入れるかどうかの判断をするのはあくまで雌だ。かわいそうな雄が途中であきらめたり、疲労のあまり倒れたりしたら、雌は別の雄を同じ場所に連れてくる。シェヴィはそんな事態が起きないよう必死で努力していた。ついにフジョレがシェヴィを受け入れることにした。走るのをやめたフジョレに、シェヴィがマウントをとる。恍惚とした様子で、目的を達するまで何度かマウントする。運がよければフジョレは明日もシェヴィを同じゲームに誘うだろう。求愛のダンスは頻度を落としながら八月の終わりまで続くこともある。

ヨーロッパでは七月中旬から八月の終わりまでがシカの発情期だ。交尾が成功すると受精卵はすぐに分裂を初め、一六週間にわたって子宮のなかを浮遊し、一二月までかけてごくゆっくりと成長する。小さな細胞塊は一六週間後に子宮壁に着床し、本格的に胎仔の成長が始まる。このプロセスを〝着床遅延〟と呼び、シカ科ではノロジカだけに見られる。そもそも着床遅延するのはごく一部の哺乳類で、ほかにアナグマ、テン、イタチ、オコジョなどがいる。着床した胎仔は急速に成長し、受精から九、一〇カ月後に子ジカが誕生する。四〇週の妊娠期間を経て子ジカが生まれるわけだが、実際のところ胎仔の成長に要するのは二〇週だ。夏に妊娠できなかった雌は一一月から一二月の二度目の発情期にチャンスを得る。冬に妊娠した場合は着床遅延が起こらず、夏に妊娠した雌ジカと同様、翌年の春の終わりに出産する。自然というのは実に合理的だ。一度の出産で、雌ジカは一、二頭の子ジカを生み、翌年の春まで一緒に過ごす。

数日後、フジョレと同じく発情中のマグノリアに遭遇した。マグノリアはいわゆる一妻多

マグノリア｜輝く目をした真の誘惑者。母親になるつもりはないのかと思ったが、ついにセネルを生んだ。セネルは悲劇的な運命を背負った子ジカだった。

夫主義で、ボボア、ショコット、ハリーを初めとする複数のパートナーがいる。マグノリアはすでに何度か発情しているが、まだ一度も子を産んでいない。雄を誘惑して交尾の場所に連れていくまではいいのだが、魔女の輪をつくる段階でいつも雄が疲労困憊し、降参してしまうのだ。まれに平均よりも体力のある雄が現れても、肝心な交尾のときにマグノリアが怖じ気づいて逃亡する。今回も同じドラマが繰り広げられるのだろうと思いつつ興味深々で観察していると、マグノリアのそばに三頭の立派な雄ジカが、互いに数メートル離れて横たわっていた。なにやらいつもと様子がちがう。マグノリアは最初の求愛者であるハリーを愛のダンスに誘った。数時間後にハリーが降参しかけたとき、ボボアが軽快な足どりでマグノリアに近づいた。ハリーが魔女の輪を離脱し、ボボアがマグノリアのあとを追いはじめる。ハリーは抗議することなくショコットの隣に横たわった。マグノリアは雄たちの連携プレーに気づいた様子もなく、切り株の周りを走りつづけていた。しばらくすると、今度はボボアが走るのをやめてショコットと交代した。私は吹きだしてしまった。さすがのマグノリアも疲れてきて、どうしたらこの状況から抜けだせるのかわからなくなったようだ。まだ余裕のある求愛者をふりきって逃げる体力も残っていない。ついにマグノリアが降参してとまり、交尾の姿勢（頭をさげ、腹を締め、全身を硬直させる）をとった。ショコットが交尾を始め、何度かマウントする。次はボボア、最後はハリーだ。三頭は順番に交尾して、連係プレーの成果に満足した様子だった。マグノリアは意図せずして雄たちの策略にはまり、翌年、子ジカを生むことになった。あれから何年も経ったが、目的のためなら自然の法則も逸脱するノロジカの柔軟性には、いまだに驚嘆の念を禁じ得ない。

二一章

夏の終わり、若いキツネのテリルは七〇〇ヘクタールという広いテリトリーを持った。パートナーのヴァルペスとともに、このエリアに侵入するほかのキツネを追い払う。テリルとヴァルペスはパートナーになって三年目だ。一緒に狩りをすることはあるが、ほとんどの場合、テリルはひとりで狩りをするほうが好きなようだった。テリトリーが定まったあと、テリルはもともと野ウサギの巣だった穴を拡張してねぐらにしたが、ヴァルペスを巣穴に入れようとしなかった。冬はキツネの発情期だ。比較的おだやかな夜、森のどこかからキツネの恋人たちが高い声をあげ、歌い、叫ぶ声が響いてくる。数時間後、元気いっぱいのテリルと遭遇した。テリルがヴァルペスの歌に魅了されているのは一目瞭然だった。それから数日間、ふたりは離れずに過ごした。周囲で起きていることにも、潜在的な脅威にも無頓着で、息をつく暇もなく追いかけっこをしていた。恋をしているのだ！

四月になった。テリルが妊娠しているのは疑いようもなかった。少し前に腹部の白い毛を抜いていたからだ。そうすることで乳首が露出して子ギツネが乳を吸いやすくなる。五二日間の妊娠期間を経て、子ギツネが誕生した。巣穴から出てこないので姿を見ることはできないが、鳴き声が聞こえる。子ギツネの体をあたためるために、テリルは一五日間、巣穴を離れられない。そのあいだ、せっせと食料を運ぶのはヴァルペスの役割だ。キツネは掃除が苦手なようで、巣穴の入り口にごみが山積みになっていた。四週間が経過して、不安定な時期を生きのびた二頭の子ギツネが初めて巣穴の外に出てきた。テリルの母乳も出なくなったので、固形の食物（野ネズミやトガリネズミやフンチュウなど）が子ギツネたちの栄養源となる。子どもたちが遊んでいるあいだに、すっかりやつれたテリルは狩りに出かけた。子ギツネたちは元気いっぱいで騒がしく、とても好奇心が強い。テリルは食べ物を持って帰り、食事をし、一部はあとで食べるために土に埋め、そのあと子どもたちの世話をする。テリルは子ギツネの体を頻繁にグルーミングした。毛皮が清潔であるほどよく空気を含み、保温効果が高まるからだ。私はときどき、シェヴィと一緒にキツネ親子を観察した。シェヴィも新しい命に興味を示していた。恐れ知らずの子ギツネたちは、巣穴から出て私たちの足元で遊んだ。目は深い青色で、顔の毛が赤くなると同時に口吻（マズル）がのびた。

六カ月が経過し、森のなかをひとりで歩いている子ギツネをよく見かけるようになった。乳離れがすんで、見た目はもう成獣だ。雄の子ギツネは親のテリトリーから追い出され、妹

美しいメギツネ｜テリルにはヴァルペスというパートナーがいる。
ヴァルペスは立派なギンギツネで、テリルの子らの父親だ。
私はしばらくテリルと過ごしたが、ノロジカとの生活ほどわくわくしなかった。
キツネはほかの動物にそれほど関心がなく、交流しようともしないからだ。

も少し前にみずからの意思で親元を離れた。

一方、ノロジカのマグノリアも出産した。私は雌の子ジカにセネルという名をつけた。セネルは小柄で好奇心が強く、元気いっぱいだ。マグノリアには求愛者がたくさんいたので父親は特定できない。マグノリアはキツネのテリルから離れた場所で生活していたし、ヴァルペスを恐れる理由もなかった。それで私も安心してセネルの成長を見守っていた。

ある朝、遠くからセネルの叫び声が聞こえた。まだ三カ月にもなっていない子ジカが悲痛な声をあげてやみくもに走りまわっている。心配になって近づいてみると、セネルの近くで大きなキツネが狩りの態勢をとっていた。雄のキツネだ。私はそのキツネに見覚えがあった。あれはテリルの子だ。親のテリトリーからそう遠くない場所に自分のテリトリーを構えたキツネが、セネルを狩ろうとしているのだった。セネルを守るはずのマグノリアの姿が見当たらない。私はセネルとの距離を詰めた。人間がいることに気づけばキツネが逃げるだろうと思ったのだが、予想は外れた。テリルの子は私のことをよく知っているので、私に気づいても狩りに集中していた。

森に入って初めて生死のジレンマに直面した。どんな手を使ってもセネルを捕食者から守るべきだろうか？　それとも黙って自然の営みを受け入れるべきだろうか？　森に入って何年も経つが、私はいまだ野生の世界の傍観者に過ぎないのだろうか？　それとも登場人物のひとりとして認められたのだろうか？

決心がつかないままさらに距離を詰めたとき、セネルが喉と後肢にひどい傷を負っているのがわかった。セネルは母親を呼びつづけるが、マグノリアは現れない。なぜだ？　子ジカのピンチには何を置いても駆けつけなければいけないのに！

テリルがセネルに飛びかかって腹にかみつき、次に首をかんで地面に引きずり倒した。セネルは二度と立ちあがれなかった。この段階になってもキツネを追い払う方法がないわけではなかった。だが、追い払ってなんになる？　目の前でセネルが死ぬのを見届けるのか？　もはや私にできることは何もなかった。手遅れだ。あるがままを受け入れるしかない。自分の無力さを呪いながら、私はその場を離れた。これから繰り広げられる場面を直視する度胸がなかった。

どうしてマグノリアがあの場にいなかったのかはわからない。献身的な母親であるはずの雌ジカが、こんな事態を許すとは思えなかった。ようやく見つけたマグノリアはうめき声をあげ、小さく鳴きながら娘をさがしていた。子ジカの足跡を見失ったようだ。マグノリアはまだ若く、経験が浅い。おまけにしばらく前からアレルギー性鼻炎のような症状に悩まされていて、それが嗅覚に影響を与えていた。マグノリアの表情には、ひとり娘の無事を願う気持ちがにじんでいた。私は小さく叫び、うめいて、マグノリアを悲劇の現場に連れていった。

娘の末路を知ったマグノリアは悲嘆に暮れた。娘の死を理解しているのはまちがいなかった。周囲を見渡して仇のキツネを見つけ、追いかけたものの、すべてはあとの祭りだった。マグノリアがこの悲しい出来事から立ち直るには長い時間を要した。

二二章

シェヴィとフジョレはおよそ四〇ヘクタールというかなり広い区域を自分たちの行動圏にしていた。行動圏はテリトリーとはちがうので、ほかのシカや獣の侵入も容認される。行動圏内には獣道が編み目のように張り巡らされ、そこを通って食べ物をさがしたり、捕食者から避難したり、静かに休んだりする。シェヴィは行動圏を持つと同時に自分のテリトリーを厳しく監督し、守っている。シェヴィのテリトリーは行動圏の一部なので、当然ながらフジョレの活動範囲と重なる。

その日、フジョレはまばらに生えたイグサやヘザーを食べ、低木や草花が豊かに茂るギャップへ向かった。このギャップ近くの再生林がとりわけ魅力的なのだ。伐採前に植わっていたシラカバ、セイヨウハシバミ、トネリコ、セイヨウサンザシなど、多くの木本性植物、半木本性植物が二年という歳月をかけて再生している。自然の雑木林は若い枝がやわらかな葉や汁気の多いつぼみをつける。しかしフジョレの目的は食べるだけではなかった。子どもを隠せる場所をさがしているのだ。丸みを帯びた横腹は出産時期が近いことを示している。フジョレはここだと思う場所にマーキングをした。そこで子どもを産み、育てるために。

五月初旬、フジョレが牧草地のまんなかで出産した。雌一頭だったので、ポレンヌと呼ぶことにする。出産から数週間は子ジカに近づかないほうがよいので、私は日中、テリトリーのマーキングをするシェヴィについてまわった。

ある日の午後、シェヴィがフジョレとポレンヌに会いにいった。シェヴィのうしろにいた私も、必然的に母子と対面することになった。フジョレが先頭にいて、そのうしろにシェヴィとポレンヌがいた。三頭についてヨーロッパアカマツの植林地に入ると、空気がやわらかくなったように感じられた。針葉樹には熱を貯める効果があるのだ。私たちは太陽のぬくもりを楽しみながら、休むのにいい場所をさがした。

突然、足元からシューッという不吉な音がした。ヘビだ！　私に踏みつぶされそうになって防御態勢をとったヘビが、頭をわずかに持ちあげてこちらをにらんでいた。私もぴたりと動きをとめた。ノロジカに倣って足を宙にあげたまま、ヘビをこれ以上刺激しないようにする。それでもヘビは戦闘態勢を崩さなかった。シェヴィたちは私のピンチに気づかずどんどん先へ行ってしまう。私は子ジカをまねたうめき声をあげ、苦境に立たされていることを訴えたが、ポレンヌもシェヴィも気づいてくれなかった。そのとき、やや離れたところにいたフジョレがタイミングよくこちらをふり返った。母親につられてポレンヌも歩みをとめる。ふたりが同時に私を見た。私はやっきになって怯える子ジカの鳴きまねをした。フジョレが引き返してきて、シェヴィの脇を通りすぎ、私に近づいた。ヘビを見つけて頭をさげ、そのままゆっくりと近づいてきて、前肢を高くあげる。ヘビはまだ雌ジカの存在に気づいていない。フジョレがふりあげた蹄をヘビめがけて荒々しく打ちつけた。ヘビが逃げる。フジョレはそれを追いかけて、ヘビの頭部にふたたび蹄を打ちつけた。哀れなヘビが弾かれたゴムのように四方八方に身を打ちつける。フジョレはそんなヘビを何度も踏みつけて確実に殺そうとする。すべて片がついてから、フジョレは娘に近づき、愛しげになめ、列の先頭に戻った。

好奇心にかられて、シェヴィがヘビの死骸を見にきた。シェヴィはヘビの匂いをかぎ、フジョレのほうを何度かふり返って、同意を求めるように私の顔を見た。フジョレのあんな勇ましい姿を見たのは初めてだったのだろう。フジョレはほかの雌と同様にヘビが嫌いで、子ジカを連れているときはなおさらだ。踏まれそうになったヘビは私よりも驚いただろうし、あのまま放っておけば勝手に逃げたかもしれないが、フジョレが助けにきてくれたことがうれしかった。おかげで無傷でピンチを切り抜けることができた。ありがとう、フジョレ。

シェヴィとフジョレと娘のおだやかな毎日が続いていた。晩春のよく晴れた朝、思いもかけないことが起こった。マガリーはメフの妹で、経験豊富な雌ジカだ。この日、マガリーはどういうわけか川上にある自分の行動圏を出て、私たちの区域へやってきた。マガリーの腹は妊娠がはっきりとわかるほど大きくなっていた。フジョレはすでに出産を終え、シェヴィがテリトリーを確立しているのだから、マガリーもそのうち自分の行動圏に戻るだろうと思っていた。ところが実際はそうならなかった。マガリーは人間である私がどぎまぎするほど愛らしい顔立ちをしているが、縄張り意識が強く、気性が荒い。その日の午前中、私がフジョレとポレンヌと森の小道を歩いていたところへ、マガリーが近づいてきた。フジョレは何も言わなかった。マガリーがもう少し近づいて私の匂いをかぎ、フジョレのほうへ向かった。フジョレはとても社交的な性格なので、マガリーを軽くなめてあいさつしようとした。ところがマガリーがいきなり吠えて、フジョレに突進した。フジョレは立ちどまって足を踏ん張り、マガリーを押し返そうとしたものの、マガリーのほうが力が強く、フジョレは追い払われてしまった。

その場に残された私とポレンヌはフジョレの帰りを待ったが、先に現れたのはマガリーだった。ポレンヌが息を切らし、前肢のあいだに頭を隠して硬直する。しかしマガリーはポレンヌに目もくれなかった。子ジカを攻撃する意図はないらしい。さらに待っていると、フジョレが私たちを……正確にはポレンヌを呼ぶ声がした。ポレンヌが大慌てで近くの木立に飛びこみ、母親と合流する。マガリーは私たちが遠ざかるのを黙って見ていた。自分の行動

マガリー｜私を信頼できる友と見なしてくれた。
さらに自分の子どもたち、プルネルとエスポアの正式な乳母にしてくれた。

圏から追い出されたフジョレは、もうそこへ戻れない。マガリーは丈のある草むらで出産した。私は生まれてきた娘をクララと名づけた。

数カ月後、クララとポレンヌは友人になった。マガリーは雌にはめずらしく、私に強い興味を示すようになった。一般的に雄はテストステロンの値が高く、自分に自信があるため、人間に対する恐怖を克服しやすい。一方の雌は本質的に用心深く、たとえ子どもがいなくても見慣れぬものを警戒するので、親しくなるのに雄の二倍の時間を要する。雌は雄より繊細で、怖がりなのだ。マガリーは兄のメフとはまったく似ておらず、人間に怯えることなく近づいてくるし、観察力があって理解も早いので、親しくなるのにそう時間はかからなかった。

マガリーは、フジョレとシェヴィほか数頭のシカ（ラフラック、ボボア、マグノリア、クラージュ、メフ）と秋を過ごした。ここに私と、ポレンヌとクララの子ジカコンビが加わって一〇頭プラスひとりのすばらしいグループができあがった。私たちはみんなで行けば怖くないとばかりに未知の土地を探索してまわった。ノロジカはふつう決まった行動圏に留まるが、一日五キロほど歩いて新たなテリトリーを開拓することもある。私たちは森林管理局のすぐ裏にある巨大な土の山にのぼって、ジャンプしたり、斜面を猛スピードで駆けおりたりした。有刺鉄線を飛び越え、青々とした牧草地で短いながらも至福の時間を過ごした。

友人たちが反芻しているときは私もそばで休憩するのだが、ある日、クラージュがいきなり立ちあがった。草を食べるのかと思いきや、クラージュはなんの前触れもなく牧草地のまんなかでジャンプを始めた。一度、とまったあと、ふたたび地上から一メートルくらいの高さに飛び跳ねる。虫にでもさされたのだろうか？　いやちがう。クラージュは遊んでいるのだ。一人前の雄ジカになったつもりでダンスを踊り、信じられないほど見事なピルエットを披露する。クラージュは狂おしいほどの幸福感に浸り、生きる喜びに満たされていた。仲間たちがおもしろがって見守るなか、クラージュは少し休んだあと、ふたたびジャンプする。飛びあがると同時に尻をよじり、前肢をばたつかせる。着地して、前肢を宙にあげる。ダンスはまだまだ終わらない。回転し、架空のライバルに向かって枝角を突きだし、狂ったように走りまわり、またジャンプをする。少し休んだと思ったらまた跳ねて、空中で方向転換し、肢をのばしたまま着地する。そうやってひとりで数分間、踊りつづけたあと、ようやくマガリーの隣に横たわった。何事もなかったような顔をして。

森のなかへ戻ると、ラフラックが生意気そうな表情でこちらをふり返った。この雌ジカは私をよく知っているくせに、定期的にこちらを試すような態度をとる。その日の午後も遅くなってから、みんなが静かに横たわっているとき、ラフラックがいきなり走りだし、急にとまって仲間の反応をうかがった。とくに私をじっくり眺める。グループ全体になんらかの影響力を及ぼそうとしているようだが、ノロジカのグループにリーダーはいないのでうまくいかない。おまけにラフラックの行動はいつも脈略がなく、グループのおだやかな雰囲気を乱すので、信頼が薄かった。興奮しやすく、仲間をからかってばかりいて、私も正直、いらっとすることがある。それでもラフラックは美しくて芯が強いので、将来有望だ。

永遠に冬が続くような気がしていたが、そこここに春の兆しが見つかるようになった。ただし、気温はまだまだ低い。森の生活も数年が経過し、私の体には健康上の問題が出はじめていた。とくに困るのは、極端に制限された食事のせいで少し動いただけでも疲れてしまうことだ。その日は霧雨が降っていて、凍えるように冷たい風が重ね着した服の下まで浸みてきた。疲労感がぬぐえないので、私は仲間に囲まれているのをいいことに、少し眠ることにした。風をよけるために大きな木の陰に入る。雨粒が大きくなったが構わず寝る体勢をとった。低気圧が近づいて、気温も低くなっている。うとうとしたと思ったら、すぐに深い眠りが訪れた。体温がいっきに下がる。

目を覚ましたとき、自分が何者で、どこにいるのかわからなかった。頭が混乱し、手足が麻痺して立ちあがることさえできない。シェヴィが寄ってきて、いつも昼寝のあとにするように顔をなめてくれた。熱い舌の感触で思考力が戻ってきて、自分が森にいることを思い出す。友人が小さな鼻を私の鼻に押しあて、大きな輝く瞳で見つめてくる。もう一度、立ちあがろうとしたが、地面に尻がはりついたようだった。体が重く、動けと指令を出しても足の筋肉が言うことを聞かない。力をふりしぼって近くの枝につかまり、どうにか立ちあがった。心臓がばくばくして、周囲の景色が渦を巻く。体に力が入らない。私は嘔吐したあと、少し歩いて体をほぐそうとした。ポケットからろうそくを取り出し、何度か失敗してから火をつけることに成功する。震える手でかきあつめた枯れ葉にろうそくの火を移し、緊急時に備えてバックパックに常備していた小枝をくべた。炎が大きくなると同時に体の冷えがゆるんでいく。細い枝をナイフで切ってくべ、火が消えないようにした。これでよし。だんだん頭がはっきりしてきた。焚き火に枝をくべていると、シェヴィたちも炎に近づいてきた。私たちは火を囲んで夜を過ごした。

危険だとわかっていながら無防備に眠りこんだ自分が情けなかった。死んでいたとしてもおかしくなかった。森の暮らしに危険はつきものとはいえ、きちんと計画を立てて準備すれば致命的なリスクを避けることはできたはずだ。

ふとした気のゆるみが招いた死の恐怖は、電気ショックのように私の心を貫いた。以前も低体温症になりかけたことはあったものの、それほど重症になったのは初めてだ。シカの仲間に囲まれて、短くてもいいから中身の濃い人生を送りたいと思ってきた。だが壊れつつあるこの世界で森の仲間を守るには、自分が動物たちの物語を伝え、彼らが直面している現実を知ってもらうしかないのでは、とも考えるようになっていた。

二三章

ノロジカを理解するにはまず、人類の歴史と悲劇的に結びついたシカの歴史を知らねばならない。有史以前、狩猟は人間にとって生きるために欠かせない活動だった。最初は広大な草地を狩り場にしていたが、気候変動によって獲物の構成が変わる。環境の変化を味方につけたのはアカシカ、イノシシ、オオカミ、そしてノロジカだ。動物の数が急増し、人類は食料や衣類や道具を得るために、そして農業が始まると農作物を守るためにも狩るようになった。当然ながらこうした活動は野生動物の行動に影響を与え、森に避難所の機能が生まれた。しかしこの時代、ノロジカが食卓にのぼったという考古学的証拠はほとんど見つかっていない。おそらくノロジカは人間の標的にされるほど農作物に被害を与えなかったのだろう。さらにノロジカの賢さや、群れをつくらない性質、危険回避能力の高さによって、当時の人々とはあまり接点がなかったのかもしれない。正確なところは誰にもわからない。

中世盛期まで、ヨーロッパ諸国の王たちは作物を守るという名目で大規模な狩りを主宰し、農民に勢子［訳注：音を鳴らして野獣を狩りだす役目］をやらせていた。アカシカ狩りはよく行われていたことがわかっているが、ノロジカを狩る習慣は二〇世紀までなかったという説もある。王侯貴族の狩りはやがて〝レジャースポーツ〟となり、農地に侵入する野生動物から農民を守るという大義を失った。一三九六年には農民の狩りを禁じる条例が成立し、農民は農作物に被害を与える動物さえも狩ることができなくなった。狩猟が農民の利益を守る活動から身勝手な快楽に変わったのである。狩猟の父と呼ばれたフランスのフランソワ一世は、農業被害を無視して、狩猟というレジャーのために動物を保護した。その結果、王と国民の関係に軋轢が生じた。

王たちの狩猟熱が結果としてヨーロッパの美しい森林を保護することに一役買ったとしても、それは森の外観を大きく変えた。森のなかを移動しやすいように、中心から複数の方向へのびる星形の道が整備された。一七六四年には『王の狩猟地図（Chasses du Roi）』というタイトルの非常に正確な地図が刊行され、森に張り巡らされた無数の小道の全体像が明らかになった。フランスにおける地図製作の原点となった地図だ。森はますます神聖視され、一定の保護を受けるようになった。植樹も始まった。私の地元でも森を育てて動物相を豊かにするために、ノルマンの貴族が一部の区域で農業を制限したり禁じたりしたという。森は、もはや庶民が伐採したり食料を採取したりする場所ではなく、特権階級の楽しみのために存在する場所だった。

一七八九年に起きたフランス革命後、最初に撤廃された特権のひとつが王侯貴族による狩猟の独占だ。それまで狩猟を許されていたのは一部の特権階級で、しかもノロジカはほとんど獲物と見なされていなかったが、一九世紀以降はノロジカも小型狩猟動物に分類され、制限なく狩られた。社会秩序の崩壊とともに数千にのぼる野生動物の命が失われた。庶民が狩猟をするようになって一〇〇年足らずのうちに、フランスの風景からノロジカがほぼ姿を消したのである。

二〇世紀になるとふたつの大きな戦争の影響で多くの野生動物が犠牲になった。一九七九年に禁猟期間に関する一連の規制が設けられ、ノロジカも少し息をつけるようになった。狩られることなく繁殖できるようになり、個体数が安定しはじめた。しかし広大な面積に単一樹種を整列して植樹する政策や、冬作物の開発、森林の農地化および産業化のためにとられた数々の措置によって、ノロジカの生息環境に強いストレスがかかる。時代がくだるにつれて野生動物と農業および林業の共栄はますます難しくなっていった。地上に人間が誕生して以来、ノロジカの生態はほとんど変わっていない。ところがここ数百年、とくに過去数十年の人間社会の近代化は、野生動物の生活をも一変させている。

森が畑と並んで栄養価の高い食料を生んでいたのはそう昔のことではない。新石器時代の人類はナラの木のドングリを主食としていた。中世になってもドングリはパンケーキやパンに形を変えて消費され、蒸留酒の原料にもコーヒーの代用品にもなった。ドングリの需要が減ったのはジャガイモの生産が始まってからだ。クリやヘーゼルナッツ、クルミ、サンザシ、リンボク、野生のナシ、サクランボ、ナナカマドといった果実も、かつては人気の食材だった。アルプス山脈では地元の人々がカサマツ（食用の大きな種ができる針葉樹）の種を集めて冬の食料としていたし、林床も食材の宝庫で、イチゴ、ラズベリー、ブラックベリー、リンゴンベリーは広い地域で食された。フランスの森で採れたキノコの味はローマでも有名だった。

森の恵みは食料に限らない。シダ類はマットレスの詰めものとして使われていた。ブナの木の葉は掛け布団の中綿代わりになり、森の羽毛（プリュム・ドゥ・ボワ）などという詩的な呼び名を与えられた。断熱のために地面にイグサ（jonc：ジョン）を敷く習慣から、ばらまく（joncher：ジョンシェ）という単語が生まれた。太古の昔から、人間は森から樹脂や漆、ゴム、ラテックス、木材といった原料を調達してきた。そしてそのように森を利用することで野生動物の食料問題に影響を及ぼしてきた。自然の食物連鎖と並行して、森における人間の活動が野生動物の個体数に影響してきたのだ。生活に役立つものを森から分けてもらうのはいいとして、問題はそのやり方だ。利益のみを目的とした集約的で破壊的な伐採や樹木栽培は、林床を構成する小さな植物を根絶やしにする。結果としてそういう植物を食べていたノロジカが、植樹された若木の芽を食べるようになり、林業関係者がノロジカを敵視する。そして森という商業施設を害獣から守るためにフェンスを設置するなどの対抗手段をとるわけだが、これは多額の費用を要する（一〇ヘクタールで二万ユーロ）。そうしたフェンスは森のギャップや伐採地に設置されることが多く、ノロジカのテリトリーを分断し、深刻な食料不足を招く。するとノロジカは食料を求めて別の区域へ移動し、そこにまた高価なフェンスが設置される。若木を個別に保護する方法もある。個々の若木にプラスチックのカバーやネットをつければ野生動物に対する行動制限は少なくなるが、そうした方法は費用がかかるうえに、ノロジカの食料不足問題は解決しない。

現代人が植民地化した森の問題点は、多様な種が生息する余裕がないことだ。しかし共生の道はある。その道を進むにはまず、われわれ人間が得るためにではなく、与えることを学ばなければならない。たとえばブナやトウヒを植樹する際、経済的には価値のないヤナギを一緒に植えたとしたら、ノロジカが食べるのは味のいいヤナギのほうだ。ほかにもキイチゴ類の茂みはノロジカの食料源であり避難所にもなるので、ノロジカを定着させたい場所に茂みを残すのは有効な手段である。またギャップの草を刈らないでおけば、ノロジカが草をさがして道路脇まで出ていく機会が減り、必然的に交通事故も減る。人間は、森を単なる未開発地と見るのをやめ、生き物すべてに無限の利益をもたらす貴重な資産と認識しなければならない。

ノロジカが食べるのをとめることはできない。ノロジカと森は相互に影響し合っている。

食糧不足｜伐採によって森の食料が不足すると、
耕作地や庭で植物の根や塊茎を食べるしかない。

森から一方的に搾取しているのではなく、森の維持に一役買っているのである。野生動物には貴重な資源を荒廃させるつもりなどみじんもない。だから人間も野蛮なシカから森を守るために個体数を調整するなどという考えは捨てるべきだ。そもそも野生動物の数は人間ごときが都合よく操作できるものではない。これまでもできなかったし、これからも決してできはしない。野生動物の個体数は元来不安定なもので、地上に生命が誕生した瞬間から増減を繰り返してきた。気候や天候、食料、捕食者を初めとするあらゆる要因に左右される。現代の産業は未来の需要を見込んでノルマを設け、過剰生産を続けているが、そうしたやり方が森でも、ほかのいかなる自然環境でも通用すると思ってはいけない。

たとえばノロジカの密度を一〇〇ヘクタールあたり二〇頭と定めたところで、人間の意図など預かり知らぬところで生きている野生動物にはなんの意味もない。気候変動によって予期せぬ災害が起きている現代において、そんな指標で自然と産業のバランスをとることはできないのである。そもそも毎年のように実施される個体数調査はあくまでその地域の平均値であって、絶対的な数値ではない。

林業に携わる人々が自然の法則を受け入れないかぎり、彼らの不満を解消することはできないだろう。自然を経済的損得に換算してはいけない。森に低木の茂みを残し、保護区を設け、定期伐採をして萌芽林を増やそう。自然のギャップをそのままにして草木の自然な繁殖を邪魔せず、狩猟圧を減じてノロジカの個体数は自然に任せよう。私たちにできるのはそのくらいだ。自然のプロセスに介入できる人間はいない。私たちはまず、みずからの立ち位置をわきまえなければならない。

ハイカーを初め森の恩恵を受けている一般の人々にも、森についてもっと考えてほしい。彼らは人間という種が自然環境に与えている被害の大きさを認識しているだろうか？　消滅しかかった原生林を撮影するために、わざわざ地球の裏側へ行く必要などない。アマゾンのジャングルと同じように生物学的価値を持つ私たちの森が、消滅しつつあるのだ。手遅れになってから気づいても意味がない。代償を払うべき時はすでに来ている。今こそ身近な森が発する祈りに耳を傾けてほしい。

森の祈り

冬の夜は暖炉の炎となり
夏の盛りは屋根に涼しい影を落とす。
眠るときはベッドに、そのベッドが収まる家の枠組みとなり、
パンをのせるテーブルになり、船のマストにもなる。

地面を耕すくわの持ち手になり
船室のドアになり
ゆりかごになり、棺になり
人間が生みだすあらゆる作品の材料になって世界を彩る。
あなたには森の祈りが聞こえるか？
破壊をやめろ。

二四章

マガリーの娘、クララはすっかり成長し、親離れの時期を迎えた。ところがマガリーがいくら促しても、クララには自立する気がないようだ。娘のためにと、マガリーが隣接する行動圏を準備したというのに、当の本人はどこ吹く風。大人になどなりたくない。このまま母親のそばにいたいと思っているらしい。しかしマガリーにも事情があった。じきに新たな命が誕生するのだ。のらくらしている娘にしびれを切らしたマガリーは、ついにクララを自分の行動圏から追い出した。クララはしぶしぶ隣の行動圏に移ったものの、母親のところへ通いつづけることになる。

数週間後、マガリーはクララを生んだのと同じ場所で出産した。二頭の子ジカを、私はリベルテとシャルリと呼ぶことにした。

前回、マガリーが子ジカを紹介してくれたのはクララが乳離れしたころだった。ところが今回はわずか生後二カ月のわが子を誇らしげにお披露目してくれた。私が勝手に近づこうとしないのがよかったのかもしれないし、クララが小さいときにときどき子守りをしたのが気に入っていたのかもしれない。とにかく光栄だった。

ゆっくりと一年が過ぎ、翌年の春がやってきた。去年生まれたノロジカたちが独立を促される季節だ。体の小さなリベルテはマガリーの隣の行動圏をもらった。クララも二年連続で母親と隣接した行動圏を使えることになった。シャルリは雄なのでそうした優遇がない。自分のテリトリーを開拓するか、師であり友人であり父親役を務めてくれる先輩雄を見つけなければならない。シャルリはクラージュに弟子入りすることにした。これは理にかなった選択だ。二頭は冬を共に過ごしてすっかり仲良くなっていたし、クラージュはマガリーと恋愛中のようだった。

余談だが、伐採によって森林面積が減ると、新しい世代のシカが新たにテリトリーを確立するのが難しくなる。若いシカは不要な争いを避けるために、生まれ育った森を出るか、母ジカから親離れしないまま過ごす。これが繰り返されると、親を同じくするシカや近親のシカがグループをつくることになる。

春は駆け足で過ぎていき、続く夏も春と同じように美しかった。クラージュの求愛が実を結び、マガリーが若い恋人を受け入れた。翌年、ふたりのあいだに二頭の子ジカが誕生し、私は雄をエスポワール、かわいい雌をプルネルと呼ぶことにした。前回の記録を更新し、なんとマガリーは出産後間もない子ジカたちを紹介してくれた。初めて会ったとき、愛らしい子ジカたちはどちらもまだ体重が一・五キロほどしかなかった。そんな子ジカたちのあとをついて歩くのはとても楽しかったが、しばらくするとマガリーが私を完全に子守り扱いしていることに気づいた。一般的に雌ジカが子どもから二〇〇メートル以上離れることはない。しかし出産で体力を消耗していたマガリーは、私が子ジカのそばにいるときは自分がついていなくてもいいと判断したようだ。マガリーの食事中、手のかかる子ジカたちは私に託される。私は母ジカの鳴きまねをして子ジカたちを従わせようとするが、母親の姿が見えないのをいいことに、子ジカたちはやりたい放題だ。大声で鳴きながら走りまわり、エスポワールがプルネルにのしかかる。ときどきプルネルはエスポワールをまきぞえにして転び、そこでまた大騒ぎをするのだった。

幸いにもマガリーは一日に一〇回ほど授乳しなければならないので、食事が終わるとすぐに子ジカたちのもとへ戻ってくる。そして自然から得たエネルギーと栄養をエスポワールとプルネルに惜しみなく与える。母乳の量や質は森の豊かさを反映する。たとえば春の終わりにたっぷりと雨が降れば草木の生育がよくなり、母乳が濃くなり、結果として子ジカの健康状態もよくなる。

献身的な母ジカのおかげでエスポワールとプルネルはすくすくと成長し、一日約一五〇グ

マガリーとプルネル｜マガリーがプルネルに植物の見分け方を教えている。
この辺りでは栄養価が高くてメギツネも好む
ツルオドリコソウと呼ばれる植物が簡単に見つかる。
プルネルも母親になったらツルオドリコソウが必要になる。

ラムずつ体重を増やしていった。マガリーは毎日、ふたりの子どもが三〇〇グラム成長できるだけの母乳を出さなければならず、マガリー自身の体重が二五キロほどだということを考えると、それがどれほどたいへんなことか想像がつくだろう。ノロジカの母親は有蹄類でもっとも献身的に子どもを育てるといわれる。悲しいことに、人間が繰り返し伐採した森は、子ジカが必要としている母乳の質と量を提供できなくなっている。昔に比べてキバナオドリコソウやイラクサが目に見えて少なくなった。すると生後三カ月までの子ジカの死亡率が高まり、二頭の子を産んでも両方死ぬことさえめずらしくない。栄養失調の子ジカの多くは、一日のうちでいちばん気温が下がる早朝に息絶える。しばらくして残されたきょうだいが同じ運命をたどるのを、私は何度も目撃した。

授乳が終わって、マガリーが私のところへやってきた。私はふと、シカのミルクがどんな味をしているのか確かめたくなった。そこで長いことマガリーの体をなでたあと、車の整備士のように腹の下に潜りこみ、乳房をやさしくさすってそっと押した。垂れてきたミルクは、コンデンスミルクにドライフラワーとアーティチョークを混ぜたような味がした。未体験の味わいだが悪くない！　何よりウシやヤギのミルクよりもはるかに栄養価が高いのだ。もちろん味見をしたのは単なる好奇心で、子ジカたちの成長に欠かせないミルクを奪うようなまねはしなかった。

プルネルは信じられないほど賢く、女版のシェヴィという感じだった。おそらくクラージュの遺伝子が優秀なのだろう。そのころには、同じ森に住む何組かのシカの一族を見分けられるようになっていた。具体的にはシポワン家（シポワン、シェヴィ、クラージュ、ポレンヌ）と、ボールド家（メフ、マガリー、ラフレシュ）、ほかにコブール家、ヴァロワンヌ家などだ。どの家族もユニークで、一族に共通する身体的な特徴がある。たとえば枝角の形や口吻（マズル）の長短、毛皮がオレンジがかっているかどうかなどだ。面立ちも似ていた。ある家族と別の家族の雌雄が交配すると、驚くほど美しく、賢いノロジカが生まれることがある。これに関してシポワンの一族はとても強い遺伝子を受け継いでいるにちがいない。生まれてきた子ジカはシェヴィやシポワンによく似た性質を持っていて、そのもっとも新しい世代がプルネルだ。ボールド家にはどちらかというと遠慮がちな性質を持つシカが多く、雄の枝角はVの形にのびる。一方、シポワン家の角はまっすぐで、二本の角が接近した形に生える。

プルネルは一緒にいて楽しいシカだった。私のことを人間の兄と思っているらしく、本物のきょうだいには及ばないにしても、深い信頼を寄せてくれているのが態度から伝わってくる。マガリーがエスポワールを連れて日向ぼっこに出かけるとき、私は動きたがらないプルネルとその場に残り、木の根もとで休憩を続ける。樹冠を通った光が地面に降りそそぐなか、プルネルは私から一〇センチの距離でいつものように丸くなり、後肢の内側に鼻づらを入れ

お気に入り ｜ プルネルは女版のシェヴィで、賢く、好奇心旺盛で、いたずら好きだ。自分を取り巻く世界についてもっと知りたいという思いが強い。

て寝ている。ふいに何かがぶつかるような音がして、視界が暗くなった。チュウヒ［訳注：タカの一種］が私たちめがけて急降下してきたのだ。鋭い爪が私の腕と脚の皮膚を切り裂く。痛みよりも驚きのほうが先に立った。チュウヒもこんなところに人間がいるとは思わなかったらしく、あわてた様子だ。眠っている子ジカを見つけ、軽い気持ちで狩りを始めたのだろう。ただしその子ジカは人間と一緒だったわけだが……。甲高い鳴き声とともにチュウヒが飛び去る。私がいなかったら、プルネルは悲劇的な最期を迎えたかもしれない。プルネルはぶるぶる震えて、そう遠くないところにいる母親のもとへ走った。私の腕は血だらけで、ふくらはぎの肉がえぐれていた。異変に気づいたマガリーが、すぐに娘のところへやってきて体をなめ、小さな声で鳴いた。プルネルがしだいに落ち着きを取り戻すのを見て、私もようやくひと息ついた。そしてボトルの水で傷口を洗った。マガリーがやってきて私の匂いをかぎ、顔をなめる。私たちは木の下に戻り、激動の一日を締めくくった。

夏と秋は何事もなく過ぎていった。疲れやすいのは相変わらずだったが、私は迫りくる冬をそれほど悲観していかなかった。いよいよ冬至が近づき、夜が苦痛なほど長くなった。シェヴィ、フジョレ、ポレンヌはテリトリーを変えた。ブナ林を出て伐採現場が近いマツ林へ移動したのだ。春になればやわらかな葉や芽が吹くにちがいない。プルネルとエスポワールはまだ幼いが、一歳になったポレンヌは美しい雌ジカに成長していた。私はシカたちのテリトリーを行ったり、来たりして過ごしていた。いよいよ寒さが厳しくなり、天候も悪化した。そして私の決意を揺さぶる出来事が起きた。

その日は雨だったが、過去に経験した雨からすればなんということもない小雨だった。クラージュがマガリー、プルネル、エスポワール、そして私と合流した。私はうとうとしていて、プルネルが目の前に横たわっていた。目を開けると雪が降っていた。かなりの降り方で、プルネルの体の上に薄く積もっていた。広大な森はしんと静まりかえり、雪片が地面に落ちるかすかに澄んだ音さえ聞こえるほどだった。私は立ちあがって、セーターを湿らせている雪を払った。プルネルは横たわったまま自分の体をなめ、ときどき鼻先に落ちた雪の匂いをかいだ。その夜、雪はやまなかった。

翌朝の早い時間に雪がやんだが、今度は寒さが戻ってきた。前の晩の雪はそれほど積もっていないので、食べ物をさがすのは難しくなかった。日中はよく晴れたので、私は明るい日ざしを浴びながらモミの枝を敷いた上で休息した。夜が近づき、空はまた雲におおわれた。雪が舞いはじめ、冷えこみが一段と厳しくなった。日が暮れてから大雪になった。冷たい東風がみるみる体温を奪っていく。雪の表面が凍り、翌朝は森全体がスケートリンクのようだった。雪と氷の層におおわれた地面は歩くのも困難だ。私はもちろん、マガリーとプルネルも何度か転びそうになった。キイチゴの葉は完全に凍っていた。マガリーたちは前肢で地面をかいて雪をどかし、できたくぼみに座って長いこと休んだ。

その日、プルネルは一日中、ほとんど動かず私の前にいた。ノロジカは気候が厳しくなると、第一胃の吸収面を縮小して食べる量を減らし、新陳代謝を低下させる。食べなくてもなるべく体重を落とさないようにして生きのびる能力が備わっているのだ。悲しいことに人間である私にそんな能力はない。私はシカというよりフラミンゴのごとく、足の感覚を保つために交互に片足立ちを繰り返す。それからテリトリーを渡り歩いてみんなの無事を確認する。ただし移動は体力を消耗するので、結局は活動量を抑え、火を熾して湯を沸かし、体をあためるくらいしかできなくなる。そうやって天気が回復するのをひたすら待つのだ。ひどい空腹に襲われるが、食べ物のことは考えないようにする。こういうとき、子ジカたちの辛抱強さには感動する。いかにも弱々しいのに、決して文句を言わない。私も見習わないといけない。

危機が去り、雪が雨になって気温が上昇した。そうやって森の毎日は続いていく。しかし今回の寒波で、私はいよいよ冒険を終わらせるときがきたと考えるようになった。ノロジカと野生の世界を心から愛しているものの、肉体は確実に衰弱している。命があるあいだに人間社会に戻り、友人たちの物語を伝えなくてはという使命感があった。

二五章

疲れた。手足に力が入らない。雪、霜、寒さがなけなしの体力をむしばんでいく。本気で生命の危機を感じていた。滋養のあるものを食べようと森のなかをさがしまわったが木の葉もなければ草もない。野イチゴもキバナオドリコソウもイラクサも伐採で消えてしまった。ギャップはトウモロコシ畑に変わった。食料を手に入れるために数キロ歩かなければならないこともめずらしくない。さらに主要道路の両脇の木々が切り倒され、道路からの視界を遮るものがなくなった。かつてはシラカバ、サクラ、トネリコ、シデなどが枝葉を茂らせ、人目を遮ってくれたのに、今や道路から二五〇メートルほど奥まで見通せる。

こうしたことがあって、私はますます冒険を終わらせるべきだという思いを強めていった。仲間を見捨てるつもりはない。むしろその逆だ。自分のことだけを考えるなら、このまま森で仲間たちに囲まれて人生を終えたかった。広い森には、ここで死ねば遺体が発見されることもないと思える場所がいくつかある。しかしテリトリーを奪われて日々の暮らしに困っている仲間のために行動を起こさなくてはという気持ちは日に日に大きくなった。森で野生動物と同じように生きた経験を伝えれば、森林保護について考えなおすきっかけになるのではないだろうか。うぬぼれでもなんでもなく、私なら野生動物の代弁者になれると思った。

季節は流れて夏になった。年老いたダゲは午前中、体力を回復するために寝ていることが多くなった。不格好にのびた枝角は関節炎を患う老人の手を思わせる。若き日の雄姿は影を潜め、新たな世代から見たダゲはいつも不機嫌な老ジカに過ぎない。

その日、太陽が高く昇ってから、ダゲは非常に交通量の多い林道を渡ろうと決めた。前の年に生まれた雄が力をつけてぐいぐいと進出してくるので、ダゲのテリトリーは細分化されている。ダゲが立ちあがり、グルーミングをして、近くに生えた葉を何枚か食べ、注意深く林道沿いを移動する。道路脇のキイチゴを食べていると、朝の散歩をする人たちが現れた。ダゲは頭をあげて歩行者を観察し、首をのばしてもといた下草のなかに隠れた。散歩の人たちが通りすぎる。ダゲはそのまま下草に留まり、反芻した。

ようやくダゲが立ちあがって首をふり、林道に向かって移動を始めた。林道を渡りはじめたとき、ロードバイクに乗った人が砂利道を猛スピードでやってきた。ダゲはふたたび横断をあきらめ、森のなかに戻って花を数本食べた。さらに時間が過ぎ、ダゲが慎重に前進を始める。いよいよ林道を渡ろうとしたとき、今度は三台のモトクロスバイクが猛スピードでやっ

ブナの葉｜ここはシェヴィが生まれた森だが、今は存在しない。
最初の伐採でブナ、シデ、ハシバミ、リンボクが切られ、
２度目の伐採でナラなどの貴重な木々が姿を消し、
最終的にはすべてが刈られて、荒涼とした風景だけが残された。

てきた。ダゲは下草に飛びこみ、ちょっとした斜面をのぼってバイクが遠ざかるのを見送った。それから一歩前に出て、三歩戻り、最初からやり直しだ。その後もダゲが林道を渡ろうとするたび、自動車が通ったり、ウォーキングをする人、観光客の一団、ジョギングをする人が現れたりして、哀れなダゲはいつまで経っても道路の向こうのテリトリーに到達できなかった。

午後も遅い時間になって、人間の活動がまばらになってきた。静まりかえった林道を太陽が低い位置から照らしている。ダゲはほっとした様子で道端の落ち葉を食べた。そのとき視界の端に人影が映った。ダゲも気づいて下草のなかへ戻る。

もうたくさんだ！

森に住むと決めて以来、初めて私は人に声をかけることにした。

二六章

「こんばんは」

白いフリースジャケットとジーンズ姿で、メタルフレームの四角い眼鏡をかけた女性に向かって、そう声をかけた。

「こんばんは、ムッシュー」

女性が返事をする。隣にいるピレニアン・シープドッグがダゲの匂いに気づくのではないかと、内心ひやひやした。犬が激しく吠えだしたらどうすればいいだろう？　できるだけ愛想のいい表情を繕って続ける。

「実はこの先に大きなイノシシが出没するので知らせにきたんです。あなたとワンちゃんの安全のために、引き返したほうがいいのではないかと」

「まあ、わざわざありがとうございます。そうします。この森に詳しいんですか？」

「仕事で木や動物の写真を撮っているので」

私たちは動物や森の美しさについておしゃべりしながら、村はずれの駐車場まで歩いた。女性によると、森を通過する道路の建設計画が進行していて、工事の一環として伐採が始まるという。森が破壊されることを憂う女性に、私はいつの間にかノロジカたちのことを話していた。

「すばらしいわ！　森を守るためにも、今してくださったノロジカの話を大勢の人に伝えるべきだと思います。写真展を開いたらどうかしら」

女性の言葉を聞いて、心臓をぎゅっとつかまれたような感じがした。不思議な感情が込みあげる。彼女はノロジカの将来を真剣に考えてくれているようだ。

女性と別れ、ようやく林道を渡ったダゲのところへ戻ったときには、すっかり日が暮れていた。この出来事以来、私はたびたび女性の顔を思い出した。森にいても、ふっと彼女の香りがただよってくるような気がした。

数カ月後、私は文明との接触を再開した。そしてルヴィエ近郊の小さな町、ル・ダンで最初の写真展を行った。大勢の人が会場を訪れたが、彼らの関心は写真よりもむしろ近郊の森で七年ものあいだ野生動物に囲まれて過ごし、通行人を怯えさせていた変わり者に向けられているようだった。彼らの不安や恐怖や疑念が体臭となって伝わってきて、私自身も緊張した。何年も感じずにすんでいた負の感情を受けとめるのは容易ではなかった。

来場者と話している途中、少し離れたところに展示してあるシェヴィのもっとも美しいポートレートの前に、数カ月前に出会ったあの女性を見つけた。女性がこちらを見てほほえみ、近づいてきた。

「先日、森で会った方ですよね？」

「ええ、そうです。お元気でしたか？」

言葉を交わしたとき、私は孤独な冒険が終わりを告げたことを悟った。彼女はいつか、私の本当の家族に会うことになるだろうと思った。

その年の大晦日、私は彼女をマガリー、プルネル、エスポワール、メフと引き合わせた。ノロジカの偉大な世界を知る人間が、ひとり増えた瞬間だった。

エピローグ

ノロジカも人間も、森なしでは生きていけない。たくさんの命を育む森は、私たちひとりひとりが大事に守るなら、今後も末永くその役割を果たしてくれるだろう。森は、冬の寒さや夏の暑さをやわらげ、凶暴な風をなだめ、砂漠の拡大を抑える。その肥沃な土は私たちに食べ物や薬をもたらす。森のない世界は閑散として、命の音がしない、寂しい場所にちがいない。森は大気を浄化して、すべての生き物に必要な酸素を放出する。森がなければそこに生きる野生動物も存在しない。だから森に敬意を払い、森の生き物を大事にしよう。人間の身勝手が引き起こした大きな負債を忘れてはならない。

ノロジカと生きることは森と生きることでもある。人類が地上に現れてからまだ二〇万年ほどしか経っていない。森の冒険を通じて、私は自然史という大きな文脈のなかで人間が紡いできたささやかな物語について考えるようになった。みなさんのなかには、森でシカと目が合った経験のある人もいるだろう。そのほとんどは話題にならないが、地方の都市化に伴って、郊外で人間とシカが遭遇する機会は増えている。しかしシカと遭遇することと、シカについて知ることはイコールではない。シカの生態に興味があるなら、まず森とは何かを理解しなければならない。森を理解したうえで現代社会が内包する課題と向き合い、人間も動物もこの世界を共有しているのだという認識のもと、シカに対する新たなアプローチを検討すれば、その過程で自然とのよりよいつきあい方もわかるのではないだろうか。エルンスト・ヴィーヒェルトは次のように綴っている。

森は、原因と結果の法則が目に見える形で支配しているかぎり、おだやかで安全な場所だと感じられる。この法則が機能しなくなり、人間が恣意的な力で木々の世界を治めようとした瞬間、森は、われわれを脅かす場所になる。

解説　シカの側に立つということ

「森の鹿と暮らした男」を読んだ。これまで読んだことのない類の本だった。私はシカの研究をしてきたので、その立場からコメントしたい。

日本にいるのはニホンジカで、本書に出てくるノロジカは日本列島にはいない。小型のシカでユーラシアの北に広く分布して極東にもいる。著者ドロームはいわば「シカになって」森で暮らし、シカと意識の交流をし、読者を感嘆させるような体験を記述している。森の中から見た自然の記述は詩のように美しく、翻訳もすばらしいものだと感じた。そのシカが狩猟により死ぬシーンには心が痛み、著者のやさしさだけでなく、そこまでシカの側に立てるのかと驚嘆した。

そのようにすばらしい内容であると感じつつも、読んでいる間、私の中をうまく説明できない違和感が通奏低音のように流れていたのも事実である。ドロームは風変わりな人である。それもかなり並外れている。学校が苦手な子も、人とうまく交流できない子も珍しくはないが、森の中で暮らしてシカと友情を交わす人はほとんどいないといってよいだろう。私も若い頃、シカ（ニホンジカ）を至近距離で何日も追跡したことがある。初めのうち、シカは警戒しているが、これ以上は近づかないという距離を把握し、それを保っていると時間とともに私を無視するようになる。シカは草を食べながら、時々こちらの様子を確認し、安全であると感じるとまた草を食べる。シカが地面に座って反芻を始めると、私の場合は何もしないでじっとしているのは退屈なので、植物を調べていた。シカからすれば下を向いて何かをしている私は、草でも食べていると思ったのかもしれない。それでも私はシカの気持ちはわからなかったし、まして友情を感じることはなかった。

私の関心はシカと環境との関係にあるので、シカそのものの行動や社会についてはあまり深入りはしなかった。だが、私の研究仲間にはそれこそ朝から晩まで、春から冬まで、十年以上観察した強者がいる。ドロームのようにシカに名前をつけ、誕生から死ぬまで数年から十数年を追跡し、その死体から骨格標本を確保してもいる。そうであっても、シカ個体に親しみを感じたり、そのシカが何を感じているかを知ることはあっても、シカから友情を感じるということはないという。私もそうであろうと思う。

ドロームの記述は、彼がそう感じたことなのか、本当にシカが彼に友情を示したのか判断がつかないことが多い。自然科学者である私は多分そのことに違和感を覚えたのだと思う。

私は子供の頃から動物も植物も好きで、七〇歳を超えた今も毎日観察し、標本を作り、記録をし、論文を書いている。その私には、ドロームの自然描写には多くの共感するものがあるし、シカを通じて森全体のことを考える姿勢にも共感する。しかしその思索の中に賛同できないものがあったのも確かだ。

ドロームは「友人」がハンターに射殺されたことに憤り、悲しむ。そして狩猟を否定し、自然の管理はできないし、すべきでもないという。一方でそのドロームは、シカがヘビを踏む潰すことにはまったく同情しない。私は全ての命を尊重するという姿勢を持ちたいと思っている。シカでもヘビでも等しく日々を懸命に生きている。そのことをすばらしいと感じる。そうであればシカが殺されるのは否定して、ヘビが殺されるのを肯定するのは矛盾する。これはダブルスタンダードと言わなければならないだろう。

私がこの文章を書いている二〇二三年は夏から秋にかけてクマの出没と人身被害が相次ぎ、これまでにない事態となった。ここでこの問題に深入りする余裕はないが、この現象が戦後の一次産業を軽視する政治により、農山村が過疎化して荒廃したことの結果であることに疑いの余地はない。それは国土問題であり、その管理の至らなさの結果である。ドロームがいうように人が望むように自然を管理することは難しいであろう。そうではあっても、いや、だからこそ、その原理を自然科学的に調査し、解析し、最善の対策をしなければならない。人が自然を管理するのは傲慢であるとして、それを放棄することには私は賛成できない。

このように、自然科学者としての私には賛同できなかった部分があり、そのことは率直に書いた方がよいと思った。そうではあるが、この貴重な体験記に学ぶものは少なくない。私は植物も好きなので、日常的に植物の名前を確認しながら歩く。そして知らない植物があると図鑑を調べて確認する。鳥はさほど詳しくないが、時々詳しい人と調査をすることがある。そうすると知らなかった種類の鳥がいることがわかり、また詳しい人は声を聞いただけで立ち所に名前がわかるのに驚かされる。だが「あれがヒガラだ」と識別できることと、ドロームのように個体が識別できることには天地の開きがある。そういう意味では、種の名前がわかることは重要ではあるが、それは動植物を知ることの入り口と言えるかもしれない。そこから分け入って、その鳥が何を食べ、どういうふうに繁殖し、雛を育てるのかを知ると、その鳥を知ることの深みがずっと増すであろう。あるいは野草についても、いつ花を咲かせ、果実になってどう種子散布するのかを知ることで理解が深まる。そういう知り方を経験すると、自然に「たいしたものだなあ」と、一種の敬意に似た気持ちになる。小さな昆虫が、親から聞くこともなく自分の力で食べ物を探し、交尾相手を見つけて、卵を産んだり、中には子育てをするものもいる。それを知ると、すなおに「やるではないか」と感じられる。

今の日本では人間社会と野生動物の関係についてじっくり考えることが必要になっている。その時に、人間の側からだけの視点で「駆除か、保護か」という単純な選択を求めるのではなく、動物の側に立って「この動物はなぜそういう行動をするようになったのか」を考えることは重要だと思う。つまり、例えばクマを「被害を起こす厄介な動物をどうするか」と捉えるのではなく、「なぜクマはここに出てきたのだろう」と考えることでその理由が明らかになれば、駆除がベストな対策であるかどうかも見えてくるはずである。そうでなければクマが出て来れば駆除することを繰り返すばかりである。なぜクマが出没するようになったかには必ず理由がある。たとえその解明が容易ではなく、時間がかかるとしても、その究明なしに真の解決は得られないであろう。それには多様な視点や経験に基づく知識が必要であり、本書はそのヒントを与えてくれると思う。

高槻成紀（生態学者）

訳者あとがき

翻訳者に必要な能力は三つある。ターゲット言語に精通しているのは職業柄当たり前なので除外するとして、三つの能力とはすなわち読解力、文章力、調査力だ。読解力と文章力はともかく、調査力という項目を意外に思う方もおられるかもしれない。しかし翻訳作業の半分は調査だといってもいいほど、翻訳者が調べものに費やす時間は膨大だ。たとえば本書なら、舞台となったボールの森付近には新石器時代から人類がいたこと、プティ＝サン＝トワンの池には病を治すという言い伝えがあること、ヴァル・ア・ルー（オオカミの谷）は一九世紀前半に近隣住民を悩ませるオオカミが追い込まれ、殺された場所であることなど、本筋に関係なくても集められる情報をすべて集める。そうやって世界観を積みあげていかなければ、著者の言葉を正しく伝えることなどできはしない。好奇心に負けて調査が脱線することもあり、今回は著者が参考文献として挙げた『ミシシッピ渓谷歴史評論』で大脱線した。一〇章に登場する、虹を渡ってグレート・アイランドへ行ったシカの伝説が記された書物である。出典に誤りがないか調べるうち、ミシシッピ渓谷歴史評論を編集した〝アメリカ歴史家協会〟という組織の前身が〝ミシシッピ渓谷歴史家協会〟だったことを知って「アメリカ史なのになんでミシシッピ渓谷？」という疑問を抱いた。歴史の授業で、アメリカ史は東海岸から始まったと習った記憶があるからだ。さらに調べてみると清教徒が東海岸に到着するはるか以前、八世紀から一四世紀にかけて、ミシシッピ渓谷には先住民が築いたカホキアという古代都市が栄えていたことがわかった。最盛期には一五〇〇〇人が生活していたと推測され、古墳や公共施設や天文観測所の跡が見つかり、銅製の装飾品も出土している。ところが一八一一年にこの遺跡が発見されたとき、アメリカ政府は見て見ぬふりをした。強制移住の対象である先住民には〝野蛮人〟でいてもらわないと都合が悪いからだ。その風潮が現代まで続いて、太平洋の反対側に住む私たちも一七世紀以前のアメリカに文明はなかったと思っているのだから衝撃としかいいようがない。同種である人間の声をなかったことにできるなら、森に棲む異種の声など聞こうとすら思わないだろう。それでも希望はある。フランスの森にシカの声を聞いたドロームがいて、その声が一三年の時を経て日本に到達したからだ。

本書は二〇一〇年にフランスで自費出版され、口コミでじわじわと評判が広まり、二〇二一年に商業ベースで再出版された。そこからわずか二年で一〇カ国語に翻訳されて国際的ヒット作となる。出版不況といわれる現代においては奇跡のような話だが、シカの声を聞こうとする人が世界中にいるという事実は地球の未来を照らす一条の光だ。一九歳で森に入ったドロームは、二六歳で写真展を開くきっかけをくれたパートナーと出会い、三九歳になった今もボールの森の南にあるルヴィエの町に住んでいる。ドロームは自然写真家として環境保護活動を行い、ときおり森に帰るものの長期滞在はしない。それはパートナーを悲しませないためでもあるが、なによりも現在の森が、彼の生存に必要な食料を提供しないからだ。スペインのラ・コントラ紙の取材を受けて、ドロームは次のように語った。「テクノロジーがもたらす便利さを否定するつもりはありません。私は自分が得た知識や経験をもとに、シンプルな暮らしが生む喜びを伝えたいのです。破壊や競争ではなく、協調を基盤に繁栄することは可能です。人間であろうとなかろうと、すべての命は自然を構成する一部であり、それぞれの役割を担っています。自然を破壊することは自分自身を傷つけるに等しい。私たちは自分の種だけが垂直に昇る社会ではなく、多くの種と水平につながる社会を目指さなければなりません」まだ若いのにSNSもせず、自分について語ることをほとんどしないドロームではあるが「人生には物語を生きる時期とそれを伝える時期があります。近い未来、新たな物語が始まるかもしれません」とも述べており、いつかまた、唯一無二の世界観をシェアしてくれるのではないかと期待される。

本書を訳すことが決まったとき、まずはシカについて学ぼうと書籍をさがしたが、シカを害獣扱いした本やジビエの本はすぐに見つかる一方で、シカの生態を扱った本がほとんどないことに驚いた。解説を引き受けてくださった高槻成紀博士の『北に生きるシカたち――シカ、ササそして雪をめぐる生態学』(丸善出版)と『シカの生態誌』(東京大学出版会)が入手できなければお手あげだったにちがいない。どちらも学術書でいわゆる読み物ではないが、ときおり挟まれる自然描写や、フィールドワークに参加した研究者や学生の描写には現地の匂いまで運んでくるような熱量があり、伝えるべきことのある人に才筆まで備わっているという仕合わせに感謝した。博士の本でとくに心に残ったくだりに「あとは野となれ山となれということわざを肌で理解できる地域はそれほど多くない」というものがある。夏の高温多湿や、抜いても抜いても生えてくる庭の草をうっとうしく思っていた私にとって、これは大きな発想転換だった。世界には気温が低すぎたり、乾燥しすぎていたりして、水をやっても緑が消える地域が多くある。その点、日本は恵まれているのだ。

作家のC・W・ニコルは『アファンの森の物語』のなかで、一九六〇年代の日本の森で涙した体験を綴っている。当時の日本には、彼の祖国イギリスが失った古代のブナの森が残っていたからだ。ところが戦後復興と高度経済成長に伴う木材需要の増加により、日本政府は全国で大規模な伐採と単一植樹を行う。ニコル氏が天然林の価値を訴え、メディアを巻きこんで伐採に反対しても破壊はとまらなかった。スギ林の林床は暗く、野生動物に充分な食料を提供しない。飢えた動物は里におり、畑を荒らす。それが今の日本の森だ。ニコル氏とともに森を守ろうと声をあげたのは野山と共生する人たち――猟友会のメンバーや里山に住む人々、そして林野庁の職員だった。悲痛な訴えを退けたのは政治家や行政機関の長だ。それはなぜか？　有権者である国民の多くが自分たちの暮らしを快適にすることに夢中で、祖先から受け継いだ貴重な自然遺産に目を向けなかったからである。絶望したニコル氏を救ったのは、一度は荒廃した故郷ウェールズのアファン・アルゴールドの森が人の手によって再生したことだった。ニコル氏は長野の山を買ってアファンの森と名づけ、森の再生をライフワークとする。ちなみに高槻博士は生前のニコル氏と親交があり、麻布大学の学生を引き連れてアファンの森で野外実習を行っている。

昨今、多くの外国人が日本を訪れ、豊かな食文化やアニメなどのポップカルチャー、各地に残る歴史遺産を讃えてくれる。一〇〇年後の日本を訪れた外国人が、かつてのニコル氏のように日本の野山の美しさや生物多様性を讃えてくれたらどれほど誇らしいだろう。遠くフランスの森から届いたシカの声は、一〇〇年後の大和の森に向けたエールなのだと思う。

著者　ジョフロワ・ドローム

自然写真家、作家。一九歳の時から七年間、北フランスにあるボールの森でシカと共に暮らし、その体験を本書に記した。現在はその際に得た知識や経験を世界に広める活動をしている。フランス・ノルマンディー地方在住。

翻訳者　岡本由香子

静岡県生まれ。防衛大学校卒業後、航空自衛隊に一〇年間勤務。児童書からノンフィクションまで幅広い分野の翻訳を手掛ける。『英国の民家　解剖図鑑』、『英国建築の解剖図鑑』（ともにエクスナレッジ）、『グッド・フライト、グッド・ナイト』（早川書房）、『ゴッホのプロヴァンス便り』（マール社）、『ひと目でわかるアートのしくみとはたらき図鑑』（創元社）など訳書多数。

解説者　高槻成紀

専門は生態学、保全生態学。ニホンジカと植物との関係の研究を続ける一方、広く自然と人の在り方について関心を持っている。著書に『野生動物と共存できるか』『動物を守りたい君へ』『都市のくらしと野生動物の未来』（岩波ジュニア新書）、『唱歌「ふるさと」の生態学』、『シカ問題を考える』（ヤマケイ新書）、『シカの生態誌』『哺乳類の動物学５　生態』（東大出版会）、『タヌキ学入門』（誠文堂新光社）など。

森の鹿と暮らした男

二〇二四年四月二日　初版第一刷発行

著者　ジョフロワ・ドローム
翻訳者　岡本由香子
発行者　三輪浩之
発行所　株式会社エクスナレッジ
〒一〇六-〇〇三二 東京都港区六本木七-二-二六
https://www.xknowledge.co.jp/
問い合わせ先　編集　Tel 〇三-三四〇三-五八九八
Fax 〇三-三四〇三-〇五八二
info@xknowledge.co.jp
販売　Tel 〇三-三四〇三-一三二一
Fax 〇三-三四〇三-一八二九